大庆油田基层技术员业务培训丛书

CAIYOU DIZHI JISHUYUAN YEWU PEIXUN SHOUCE

采油地质技术员业务培训手册

大庆油田有限责任公司人事部◎编

石油工業出版社

内 容 提 要

本书主要介绍了采油地质技术员岗位职责、工作内容和要求，以及采油地质员应掌握的专业业务知识。

本书结合大庆油田采油厂工作实际要求编写，通俗易懂，注重实用性，可作为基层采油队采油地质技术员学习和工作的指导用书，也可供相关专业技术人员参考。

图书在版编目（CIP）数据

采油地质技术员业务培训手册 / 大庆油田有限责任公司人事部编 .—北京：石油工业出版社，2017.6

（大庆油田基层技术员业务培训丛书）

ISBN 978-7-5183-1948-0

Ⅰ . ①采…　Ⅱ . ①大…　Ⅲ . ①石油开采－石油天然气地质－技术培训－手册　Ⅳ . ① TE143-62

中国版本图书馆 CIP 数据核字（2017）第 128734 号

出版发行：石油工业出版社

（北京安定门外安华里 2 区 1 号　100011）

网　址：www.petropub.com

编辑部：（010）64269289　图书营销中心：（010）64523633

经　销：全国新华书店

印　刷：北京中石油彩色印刷有限责任公司

2017 年 6 月第 1 版　2017 年 10 月第 2 次印刷

710 × 1000 毫米　开本：1/16　印张：10

字数：224 千字

定价：28.00 元

（如出现印装质量问题，我社图书营销中心负责调换）

《采油地质技术员业务培训手册》编委会

《采油地质技术员业务培训手册》编审组

前言

PREFACE

大庆油田基层技术员是企业生产一线的主要技术力量，在生产建设中发挥着巨大的作用，其业务水平的提升是企业培训工作的重要课题。在新时期、新形势下，按照有关工作要求，为进一步提高基层技术员的基本素质和业务技能水平，按照“实际、实用、实效”的原则，大庆油田有限责任公司人事部组织编写了《大庆油田基层技术员业务培训丛书》。本套丛书紧紧围绕相关专业的工作实际，从岗位职责、工作要求、专业业务知识、综合业务知识等方面介绍了基层技术员应该掌握的业务知识，具有很强的实用性、适用性和规范性，既能作为提高基层技术员业务技能水平的培训教材，也可以作为相关专业员工自学的参考资料。

希望本套丛书的出版能够为各石油企业提供借鉴，为持续、深入抓好基层技术员培训工作，不断提高基层技术员整体素质和业务技能水平，为实现石油企业科学发展提供人力资源保障。同时，也希望广大读者对本套丛书的修改完善提出宝贵意见，以便今后修订时能更好地规范和丰富其内容。

编　者

2017 年 5 月

目录 CONTENTS

第 一 部 分

岗位职责、具体工作及要求

第一章　岗位职责

一、采油地质技术员岗位主要职责

(1)负责地质资料的录取管理、分析、外报、审核工作;

(2)负责本单位开发指标、生产形势及措施效果分析管理工作;

(3)负责注水井措施作业的现场监督工作;

(4)负责注水井洗井、测试的现场监督工作;

(5)负责注水异常井管理,并及时上报;

(6)负责计算机、信息管理工作;

(7)负责培训管理工作。

二、采油地质技术员日常工作参照的技术标准、管理规定

(1)Q/SY DQ0916—2010《水驱油水井资料录取管理规定》;

(2)Q/SY DQ0917—2010《采油(气)、注水(入)井资料填报管理规定》;

(3)Q/SY DQ0918—2010《采油、注入队建立、保存和使用资料、图表的有关规定》;

(4)Q/SY DQ0920—2010《注水井资料录取现场检查管理规定》;

(5)Q/SY DQ0921—2010《注水(入)井洗井管理规定》;

(6)Q/SY DQ1385—2010《聚合物驱采出、注入井资料录取管理规定》;

(7)Q/SY DQ1387—2010《聚合物驱注入井资料录取现场检查管理规定》;

(8)《三元注入站、注入井、采出井资料录取规定(试行)》(庆油开发〔2008〕8号);

(9)Q/SY DQ2011—141《分层测试调配资料录取规范》;

(10)《第四采油厂基层队技术员现场监督指导手册》;

(11)Q/SY DQ0023—2000《油田开发分析技术要求》;

(12)Q/SY DQ0036—2006《油、水井压裂地质方案设计编写要求》;

(13)Q/SY DQ0037—2006《油、水井酸化地质方案设计编写要求》;

(14)Q/SY DQ0038—2006《油井堵水地质方案设计编写要求》;

(15)Q/SY DQ0040—2006《油、水井补孔地质方案设计编写要求》;

（16）Q/SY DQ0057—2014《聚合物驱油开发动态分析要求》；

（17）Q/SY DQ0058—2013《聚合物驱油开发效果评价》；

（18）Q/SY DQ0059—2005《聚合物驱油经济效益评价》；

（19）《大庆油田有限责任公司油水井套管保护管理办法》（庆油开发〔2015〕34 号）。

第二章 具体工作及要求

一、基础资料管理及工作目标要求

(1)每日认真审核当日地质进机数据,保证地质日报数据的准确性。

(2)每个旬度完成全队开发旬报,分析各项指标变化原因及本旬异常井落实工作完成情况。

① 编制全队旬度开发曲线。

② 统计分析日产液、日产油、含水率、注入量、注入井化验等各项指标变化原因。

③ 根据变化大的单井提出下个旬度落实计划,编制计划运行表。

④ 与管队人员共同分析全队注采变化趋势,对变化大的井组提出下步调整思路并编制调整方案。

⑤ 根据上述分析编写全队开发旬报,并在每月 2 日、12 日、22 日前上交工艺队动态组长。

⑥ 分析对比全队流量变化,对出现变化较大的计量间需分析到单井,并及时上交至地质工艺队副队长。

(3)每月 7 日前完成全队开发月报编制,分析各项指标变化原因及本月异常井落实工作完成情况。

① 编制全队月度开发曲线。

② 根据月度开发曲线统计分析各项指标变化原因。

③ 在做好油水井生产动态分析的基础上,及时进行井组注采关系调整,即根据沉没度情况确定下步调参方案,提出油水井增产增注措施及注水井调整意见;对变化大的井组的变化趋势提出下步调整思路,做好下月的生产运行安排。

④ 在与工艺队管队人员共同分析后完成全队开发月报的书面材料,并在每月 7 日前上交工艺队副队长。

⑤ 月末审核月度井史,安排资料员按时维护好各项数据。

(4)按照领导要求认真完成每个季度及年终技术总结材料编写工作,对所管队的开发形势认真分析,并提出下步治理方案。

(5)每月按时完成上级业务部门要求填写的各种报表,做到数据填写认真准确、上报及时。

(6)定期维护、更新地面静态数据库注水系统,为老区改造规划中涉及的注水部分提供基础数据，完成各项地面大调查中的注水部分的调查。

(7)抓好小队内各项资料的建立，定期检查选值、同位素、环空、测试成果等各种文本的填写，保证及时、准确、清晰。

二、现场资料录取

(1)每日对比分析各项开发数据的变化情况，对异常井及时落实、上报。

① 每日8:00前，对比前后两天全队各项指标、中转站流量和单井的生产数据变化情况，找出含水率波动±5%、日产液波动±20%、注入量波动±20%、注入压力波动±1.0MPa、化验数据波动±20%的单井，并填写需落实井表格，上报工艺队管队人员。

② 每天对异常井进行逐井落实，并在当天16:00与工艺队管队人员进行沟通，说明现场发现的问题；工艺队管队人员对当天落实数据进行汇总备份。

(2)逐井落实旬报、月报统计变化大的单井。

① 根据旬报、月报统计数据编制全队旬度、月度变化大的单井表。

② 结合每天单井落实情况，在下一个旬度对变化大的单井与工程技术员进行逐井核实。

③ 在下一旬报及月报中说明各变化大的单井落实情况。

(3)注水井现场检查要求。

① 每月对全队注水井现场资料录取情况进行一次全面检查，并将检查情况上报矿工艺队，迎接好厂、油田公司季度、半年、年度检查。

② 对泵压不稳、吸水能力变化、班报表填写不当造成资料不准等问题，地质技术员必须上井落实。

③ 对存在设备问题，注水井现场压力、水量等资料超范围的井及注水异常井，及时上井落实解决并负全责。

(4)测试井现场交接要求。

① 注水井测试前由测试班长通知采油队地质技术员，确保采油队地质技术员了解测试情况；同时，采油队必须保证注水井油管压力表、水表的齐全、准确，压力表、水表到达规定范围内方可测试。

② 采油队地质技术员必须严格把好资料审核关，配注水量、破裂压力应核对最新方案；测试压力、水量与井口油管压力、水量差值应在规定的范围之内。

③ 注水井分层测试资料验收后，发现水量或压力异常不能正常分水，必须查明原因，落实为井下变化的由采油队上报地质工艺队管理组，由地质工艺队管理组通知试井队安排测试。

④ 监督试井队测试前、测试后的井场以及周围环境。

⑤ 注水井测压关井超过24h,开井后采油队应及时上报安排洗井,若能正常分水即可分水,不需测试;若不能正常分水,及时上报地质工艺队管理组,安排测试。

⑥ 钻关注水井开井后,采油队应及时上报安排洗井,再按钻开井注水管理要求恢复注水。正常注水后必须及时上报测试组安排测试。

三、注水井洗井管理

(1)采油队地质技术员每周上报洗井工作量。

(2)采油队地质技术员负责确认井场、设备、进井路线等情况,上报具备洗井条件井。

(3)采油队地质技术员负责洗井现场全程监督,并如实反映洗井效果、洗井水量、罐数等情况。洗井时认真检查罐车的液位计或报警装置,确保洗井罐车满罐运行。

(4)洗井过程中,发现井口冻堵、阀门损坏等设备问题,由采油队地质技术员负责现场落实,及时协调队里生产干部组织修复。

(5)采油队地质技术员负责洗井质量管理,采用目视比浊法判定进出口洗井液水质一致为洗井合格,同时做好洗井交接确认工作,根据厂洗井验收标准,及时验收。

(6)采油队地质技术员负责洗井效果评价工作,及时维护洗井管理平台,每月20日上报洗井进度表、效果表。

(7)完成上级主管部门安排的临时性工作。

四、措施井现场跟踪

(1)每月由工艺队管队人员提前通知当月油水井措施井号及预计措施时间。

(2)作业队通知关井准备措施时,要及时通知工艺队管队人员及措施管理人员。

(3)地质技术员负责注水井的各种措施(压裂、大修、酸化、解堵等)现场监督。

(4)对照施工设计认真填写各种施工反馈单,对未按照设计方案进行施工的要及时阻止,并上报相关负责人。

(5)油水井措施后地质技术员要及时落实分析措施效果,对油水井压裂、解堵后产液和注水增幅小、含水上升幅度大、注入压力下降小等效果差的井,及时上井落实,并将落实结果及时通知工艺队管队人员。

(6)对措施效果差的井与工艺队管队人员沟通后,提出措施后保护方案。

五、其他方面工作

(1)做好采出井量油、含水取样,注入井压力、注入量、化验等数据录取、整理、审核、分析工作,严把质量关,确保本队油水井资料齐全准确,上报及时。

(2)定期审核地质资料员上报的报表,保证上报数据的准确性。

(3)安排专人维护计算机室卫生,并负责队内每台计算机的防病毒管理及相关程序的安装维护工作。

(4)按要求完成员工技能教育培训工作。

第二部分

专业业务知识

第三章 地质基础研究

本章主要介绍油田测井资料综合解释基础,储层、构造研究,三维地质建模和数值模拟的基本概念、技术原理、操作流程以及成果图幅编制和应用方面的知识。采油地质技术员应掌握相关图幅代表的地质意义,并能够应用于动态分析调整工作。其他专业性较强的内容可作为采油地质技术员丰富知识结构、提升技术层次的学习材料。

第一节 测井资料综合解释

测井资料综合解释,是按照预定的地质任务,对测井资料进行解释处理,并综合地质、录井和开发资料进行综合分析解释,解决地层划分、油气储层评价、有用矿藏评价及勘探开发中的其他地质与工程问题,并以图形和数据形式直观显示解释结果。测井资料综合解释最主要、最核心的主题是进行储层评价,主要包括油藏性质、储层性质及流体性质。

一、测井技术的发展

地球物理测井,就是指通过井下专门仪器,对井筒周围岩石流体的不同物理、化学或其他性质的测量过程。

世界上第一支测井仪(电阻率测井仪)是由法国人马奎尔·斯伦贝谢(Marcol Schlumberger)和康纳德·斯伦贝谢(Conrad Schlumberger)兄弟发明的,并与道尔(Doll)一起,在1927年9月5日实现了世界上第一次测井。

我国第一次测井是中国科学院院士、著名地球物理学家翁文波先生于1939年12月30日在四川巴县石油沟油矿1号井实现的,录取了一条电阻率曲线和一条自然电位曲线,并划分出气层位置。

我国测井技术经过四个时代:模拟测井(1962年以前);数字测井(1962—1976年);数控测井(1976—1990年);成像测井(1990年以后)。目前测井技术正进入网络测井时代。

大庆油田测井系列发展过程如下:

(1)20世纪60至70年代:横向测井系列(老横向测井系列、简化横向测井系列);

(2)20世纪80年代:JD-581测井系列、8900测井系列;

(3)20 世纪 90 年代以后:开发调整井以国产 DLS 测井系列为主;探井和评价井以引进测井系列为主(主要包括 3600 测井系列、3700 测井系列、CSU 测井系列、EXCELL - 2000 测井系列、ECLIPS - 5700 测井系列、MAXIS - 500 测井系列)。

二、测井方法原理及应用

测井方法:电法、声波和放射性是最常用的三种测井方法。

电法测井包括:自然电位测井、普通电阻率测井、微电极测井、侧向(聚焦)电阻率测井、感应测井。

声波测井主要为声波时差测井。

放射性测井包括:自然伽马测井、自然伽马能谱测井、密度测井、中子测井。

测井应用:主要是划分储层、识别流体性质和确定储层参数三个方面。

测井信息:是指测井采集过程中记录井筒周围各种不同的物理和化学参数,如电阻率、声波速度、岩石密度、自然电位等。

地质信息:是指岩石矿物成分、泥质含量、含水饱和度、孔隙度、渗透率等。

(一)自然电位测井

1. 测井原理

自然电位测井,就是测量井中自然电场电位。地层产生自然电位的原因是复杂的。对于采油井来说,一般是由以下两种原因造成的:一种是由地层水和钻井液滤液之间离子的扩散作用和岩粒对离子的吸附作用(电化学电动势)产生的;另一种是由地层压力不同于钻井液柱压力时,在岩石孔隙中的液体过滤作用(动电学电动势)产生的。井中的电位主要由扩散电位、薄膜电位和过滤电位组成。

2. 资料应用

(1)识别岩性:泥岩处自然电位曲线平直,砂岩处自然电位曲线异常幅度最大,砂岩含泥量越大,自然电位曲线异常幅度越小。

(2)划分渗透性地层:当钻井液滤液电阻率小于地层水电阻率时,一般情况下在渗透性地层处自然电位曲线产生负异常;反之,产生正异常。

(3)识别油、水层:当其他条件相同时,水层的自然电位大于油层的自然电位(图 3 - 1);

(4)判断水淹层:对于注淡水开发的油藏,油层水淹后,相当于地层水矿化度降低,使自然电位负异常减小。

(二)普通电阻率测井

在测井时,电极系周围的介质很复杂,在井中有钻井液,渗透层附近有钻井液侵入,还有上、下围岩存在,各部分介质的电阻率都不相同。在这种非均匀介质中,

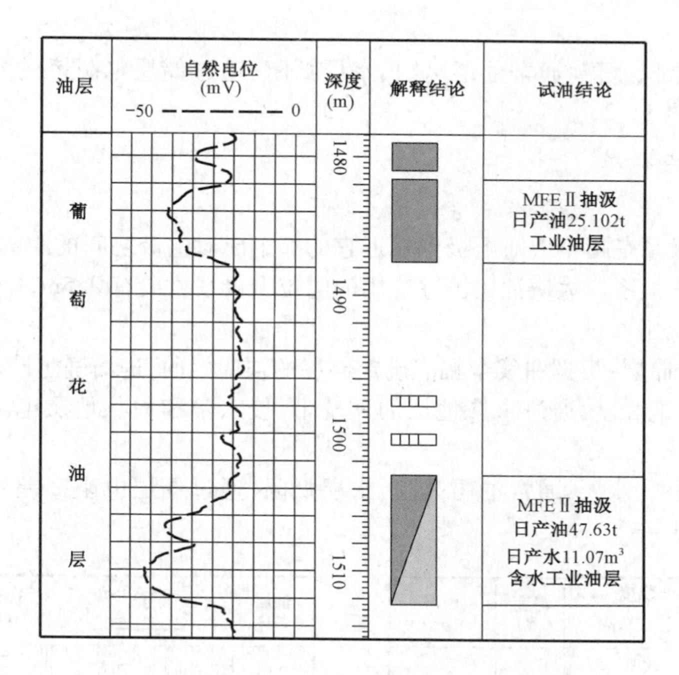

图 3－1　自然电位曲线应用示意图

电极系所测得的视电阻率与几种介质的电阻率都有关系，因此，称通常测出的岩层电阻率为地层的视电阻率 R_a，它与岩层的真电阻率 R_t 有直接的关系。不同类型的电极系所测得的视电阻率曲线差别很大，根据成对电极和不成对电极的距离不同，电极系分为梯度电极系和电位电极系两种。

1. 梯度电极系

1）测井原理

梯度电极系是指不成对电极到靠近它的那个成对电极之间的距离大于成对电极间距离的电极系。根据成对电极与不成对电极的相对位置不同可把电极系分成两类：一种是底部梯度电极系，也叫正装梯度电极系；另一种是顶部梯度电极系，也叫倒装梯度电极系。大庆油田测井应用的梯度电极系主要为底部梯度电极系，主要有 0. 25m、0. 45m、2. 5m、4. 0m、8. 0m 底部梯度电极系，其中的数字代表电极距长度。一般情况下电极距越短，垂向分辨率越高，径向探测深度越小；反之，电极距越长，垂向分辨率越低，径向探测深度越大。

2）资料应用

（1）划分储层：根据曲线的极小值和极大值确定储层的顶底界面，进而确定储层厚度。

（2）确定饱和度：通过求取地层的冲洗带、侵入带和原状地层的电阻率，确定

储层饱和度。

(3)识别油、水层:通常油层高阻、水层低阻,通过储层电阻率的差别,可以识别油、水层(图3-2)。

2. 电位电极系

1)测井原理

电位电极系是指不成对电极到靠近它的那个成对电极之间的距离小于成对电极间距离的电极系。大庆油田测井应用的电位电极系主要有0.5m、1.0m两种。

2)资料应用

(1)划分储层:根据曲线半幅点确定储层的顶底界面,进而确定储层厚度。

(2)确定饱和度:通过求取地层的冲洗带、侵入带和原状地层电阻率,确定储层饱和度。

(3)识别油、水层:通常油层高阻、水层低阻,通过储层电阻率差别,可以识别油、水层(图3-3)。

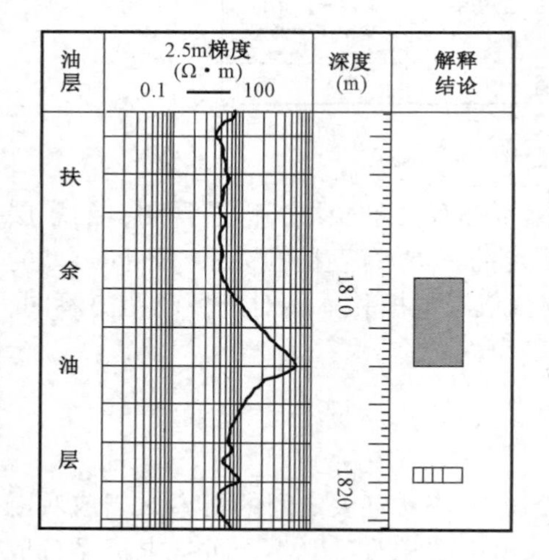

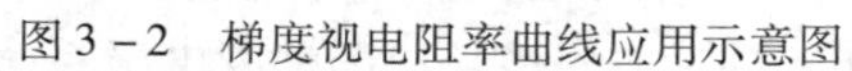
图3-2 梯度视电阻率曲线应用示意图

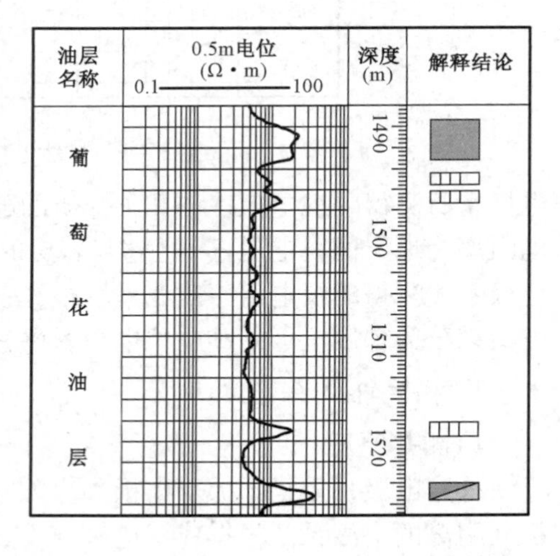

图3-3 电位视电阻率曲线应用示意图

(三)微电极测井

1. 测井原理

为提高纵向分辨能力而设计出一种贴井壁测量的测井仪器,它可以同时测量微电位和微梯度两条电阻率曲线,这种测井方法称为微电极测井。在微电极仪器主体上,装有2~4个弹簧片扶正器,在其中一个弹簧片上有硬橡胶绝缘板,把供电电极和测量电极按直线排列。

2. 资料应用

(1)识别岩性:对于泥岩,微电极测井曲线平直,无幅度差;对于砂岩,微电极测井曲线有幅度差,砂岩越纯、物性越好,幅度差就越大;对于致密层,微电极测井曲线有幅度差,但视电阻率值明显比砂岩的值大。

(2)划分渗透性地层:在钻井过程中,由于钻井液柱压力大于地层压力,往往在渗透性地层产生滤饼。一般滤饼的电阻率小于冲洗带电阻率,所以探测较深的微电位视电阻率大于微梯度视电阻率,通常称之为幅度差。

(3)确定含油砂岩的有效厚度:利用微电极测井曲线纵向分辨率高的特点,可以较准确地划分含油砂岩的有效厚度(图 3-4)。

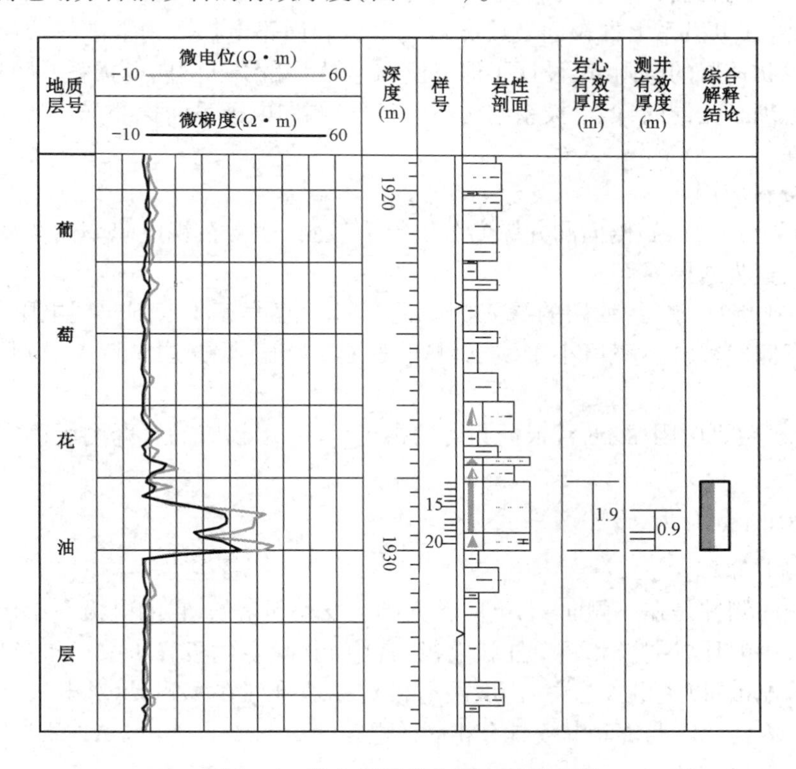

图 3-4 微电极测井曲线应用示意图

(四)侧向(聚焦)电阻率测井

在高矿化度钻井液和高阻薄层的井中,普通电阻率测井曲线变得平缓,难以进行分层和确定地层真电阻率。为减小钻井液的分流作用和低阻围岩的影响,提出了侧向测井(聚焦测井)。它的电极系中除了主电极之外,上、下还装有屏蔽电极。主电流受上下屏蔽电极流出电流的排斥作用,使得测量电流线垂直于电极系,成为水平方向的层状电流进入地层，这就大大降低了井内流体和围岩对视电阻率的影响。

侧向测井的种类较多，有三侧向、七侧向、双侧向、微侧向、邻近侧向、微球形聚焦测井等。其中，大庆油田应用的侧向测井主要有三侧向、双侧向、微球形聚焦测井。

1. 三侧向测井

1）测井原理

三电极侧向测井简称为三侧向测井。其电极系由三个柱状金属电极构成，主电极位于中间，比较短，屏蔽电极并列地排在两端，它们互相短路，电极之间用绝缘材料隔开，在电极系上方较远处设有对比电极和回路电极。为求准渗透层井段侵入带和原状地层的电阻率，设计了深三侧向电极系和浅三侧向电极系，两种电极系测井的原理是相同的，但电极系结构不同，深三侧向电极系的探测深度比浅三侧向电极系深。

2）资料应用

（1）划分岩性：三侧向测井纵向分辨能力较强，通常在视电阻率曲线开始急剧上升的位置为地层界面。

（2）判断油、水层：油层的深三侧向视电阻率值大于浅三侧向视电阻率值；水层的深三侧向视电阻率值小于浅三侧向视电阻率值，根据这一特点识别油、水层（图3－5）。

（3）确定真电阻率：通常根据测得的视电阻率，用相应的解释图版确定地层的真电阻率。

2. 双侧向测井

1）测井原理

双侧向测井是在三侧向、七侧向的基础上发展起来的，它的电极系中包含七个体积均较小的环状电极和两个柱状电极，其中A0是主电极，M1、M1′和M2、M2′是两对屏蔽电极，以主电极为中心，屏蔽电极对称地排列在两侧，每对电极之间用导线连接。因此，M1与M1′电极具有相同的电位，M2与M2′，A1与A1′，A2与A2′电极也具有相同的特点。

2）资料应用

（1）确定地层真电阻率：深、浅侧向视电阻率经过井眼、围岩和侵入三种因素校正后，可以确定地层的真电阻率。

（2）划分岩性剖面：由于井眼的分流小，对于电阻率不同的岩层都有明显的曲线变化，厚度在0.6m以上的地层都可以分辨。如果与邻层电阻率差异较大，0.4m的地层也可以分辨。

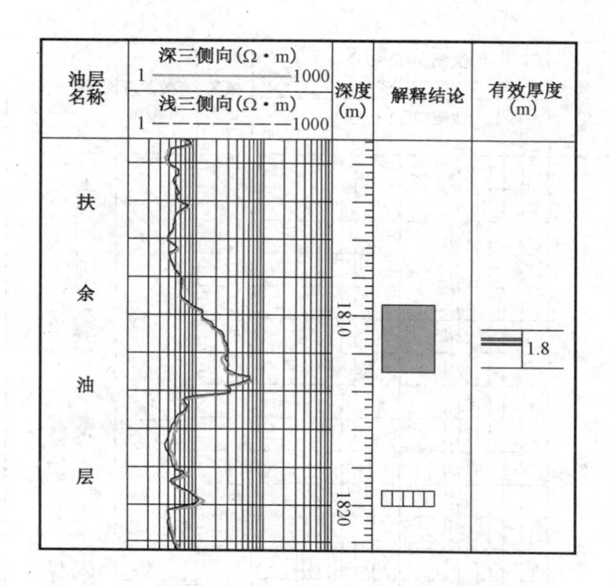

图 3-5　三侧向测井曲线应用示意图

(3)判断油、水层:深侧向曲线幅度大于浅侧向曲线幅度,叫正幅度差(称为钻井液低侵),这种井段一般可以认为是含油气井段;反之,当深侧向曲线幅度小于浅侧向曲线幅度时,称为负幅度差(称为钻井液高侵),这种井段一般可以认为是含水井段(图 3-6)。

3. 微球形聚焦测井

1)测井原理

在有滤饼和冲洗带的非均匀介质中,为减小滤饼和原状地层真电阻率的影响,测得冲洗带电阻率,研制了微球形聚焦测井技术。微球形聚焦电极系的电极尺寸较小,镶嵌在绝缘极板上。主电极 A0 是长方形,依次向外有两个矩形框状电极,即测量电极 M0 及辅助电极 A1,再向外是“一”字形电极 M1、M2,上下对称排列,作监督电极用。极板的金属护套和支撑板作为回路电极 B。在测量时,自动调节主电流 I_0 和辅助电流 I_a 的数值,使监督电极 M1 和 M2 上电位相等;而测量电极 M0 与监督电极 M1、M2 之间的电位差等于给定值。微球形聚焦测井受井眼、滤饼和原状地层影响均较小,是确定冲洗带电阻率较好的方法。

2)资料应用

(1)划分薄层:利用微球形聚焦测井曲线可以很好地划分薄层及渗透层中的夹层。

(2)识别油、水层:微球形聚焦测井曲线与深、浅侧向组合,可以识别油、水层(图 3-7)。

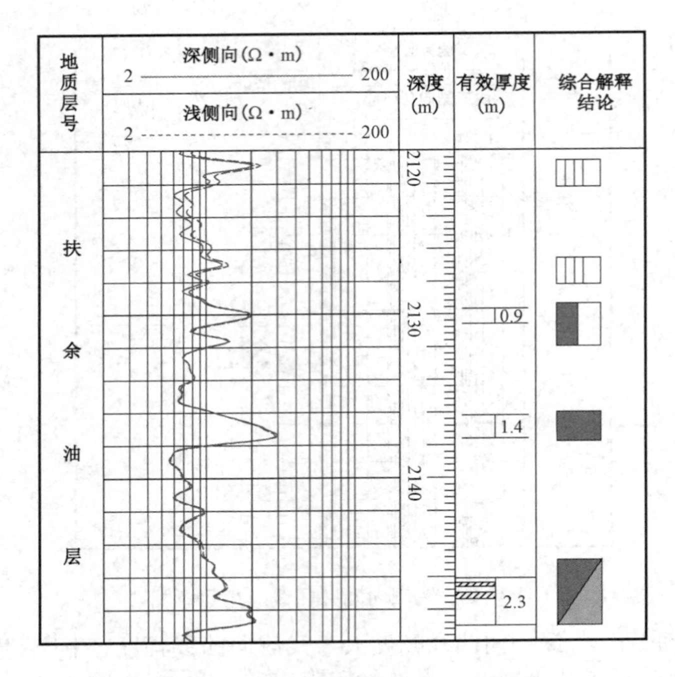

图 3－6　双侧向测井曲线应用示意图

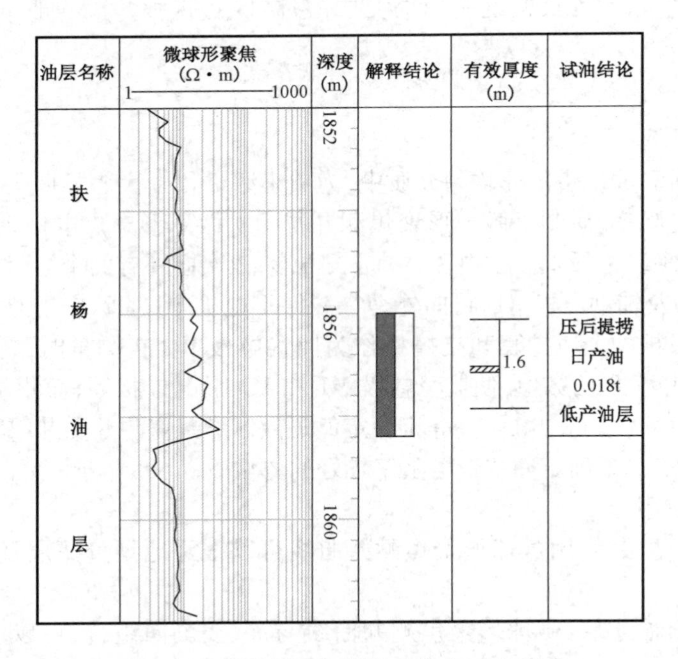

图 3－7　微球形聚焦测井曲线应用示意图

(五)感应测井

1. 测井原理

感应测井是通过交变电磁场的特性反映介质电导率 σ 的一种测井方法。它不仅适用于导电钻井液井中测井,而且还适用于不导电钻井液井中测井,如油基钻井液和空气钻井。感应测井线圈系由发射线圈 T 和接收线圈 R 组成,将交流电通过振荡器接入发射线圈 T 中,在井眼附近的地层中产生交变电磁场,进而产生感应电流。感应电流在井内产生次生磁场,次生磁场被接收线圈接收,产生感应电动势。感应电动势与感应电流大小成正比,感应电动势大小与介质电导率成正比。放大器把从接收线圈 R 接收到的感应电动势放大后经电缆传送到地面。

2. 资料应用

(1)确定地层真电阻率:经过层厚、围岩等影响校正确定岩层真电阻率 R_t。

(2)判断油、水层:利用深、中感应径向探测深度差异识别油、水层。一般深感应大于中感应的储层是含油层,中感应大于深感应的储层是含水层(图 3-8)。

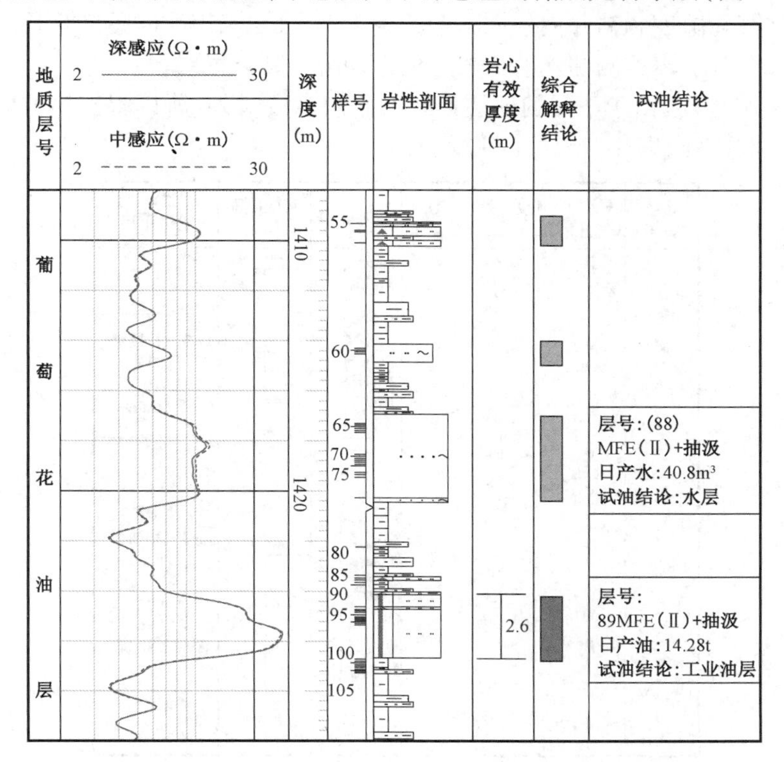

图 3-8 感应测井曲线应用示意图

(六)声波测井

1. 测井原理

声波在不同介质中传播时,其速度、幅度衰减及频率变化等声学特性是不同的。声波测井就是以岩石等介质的声学特性为基础来研究钻井地质剖面、固井质量等问题的一种测井方法。声波测井主要分为声速测井和声幅测井两大类。声速测井(也称声波时差测井)是测量地层声波速度的测井方法。声波在岩石中传播速度与岩石的性质、孔隙度以及孔隙中所充填的流体性质等有关,因此,研究声波在岩石中的传播速度或时间,就可以确定岩石的孔隙度,判断岩性和孔隙流体性质等。

2. 资料应用

(1)确定孔隙度:已知岩石骨架、孔隙中流体和声速测井测得的声波时差,即可以应用威利公式计算出岩层的孔隙度。

(2)判断气层:由于气、水的声波时差差异大,水的声波时差小于气的声波时差,因此在高孔隙度和钻井液侵入不深的条件下,气层的声波时差产生周波跳跃或明显增大。因此,声速测井能够比较好地识别疏松砂岩气层。

(3)划分地层:由于不同的地层具有不同的声波时差,所以根据声波时差测井曲线可以划分不同岩性的地层(图3-9)。

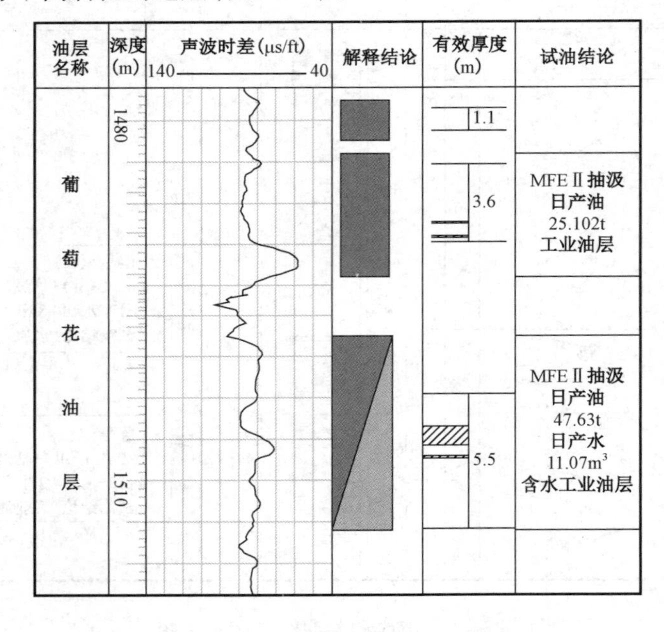

图3-9 声波测井曲线应用示意图

（七）自然伽马测井

1. 测井原理

自然伽马测井是在井内测量岩层中自然存在的放射性射线的强度，来研究地质问题的一种方法。沉积岩自然伽马值的一般变化规律是：随泥质含量的增加而增大；随有机物含量的增加而增大；随钾盐和某些放射性矿物含量的增加而增大。

2. 资料应用

（1）划分岩性：一般砂岩自然伽马值低，泥岩自然伽马值高，根据自然伽马值的高低可以划分砂岩、泥岩。

（2）地层对比：自然伽马曲线一般只与岩性有关，与储层流体性质无关，可以用于地层对比。

（3）计算泥质含量：砂岩中泥质含量越大，自然伽马值越高，因此用自然伽马测井曲线可以计算砂岩中泥质含量（图3－10）。

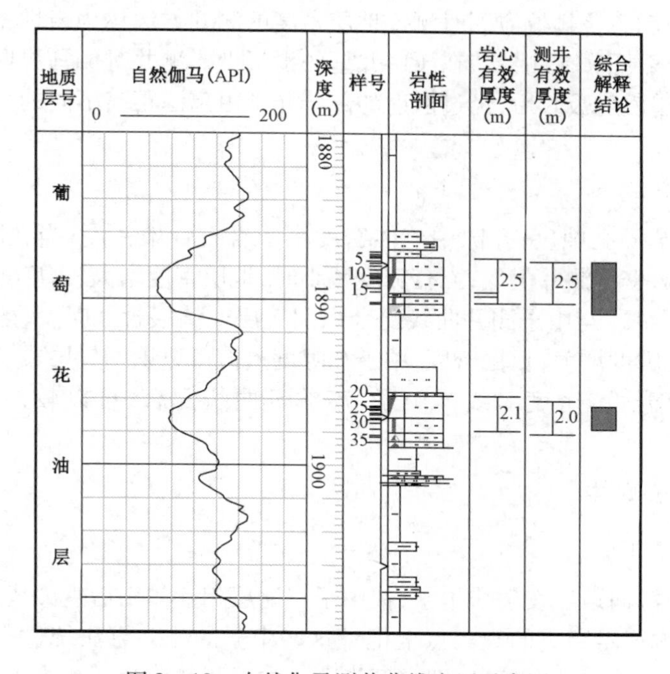

图3－10　自然伽马测井曲线应用示意图

（八）自然伽马能谱测井

1. 测井原理

自然伽马测井反映的是地层中U、TH、K40等所有放射性核素的总效应，它不能区分这些核素的种类;而自然伽马能谱测井不但可以反映地层中 U、TH、K40 等所有放射性核素的总效应,还可以得到 U、TH、K40 在地层中的含量,从而得到更多的测井信息。

2. 资料应用

(1)识别黏土矿物:确定黏土含量、黏土类型及其分布形式。

(2)研究沉积环境:用 TH/U、TH/K 研究沉积环境、沉积能量。

(3)识别岩性:进行变质岩、火成岩等复杂岩性解释,有机碳分析及生油岩评价。

(4)识别储层:识别高放射性储层,寻找泥岩裂缝储层。

(九)密度测井

1. 测井原理

根据伽马射线与地层的康普顿效应测定地层密度的测井方法称为密度测井。利用光电效应和康普顿效应同时测定地层密度的测井方法称为岩性密度测井。密度测井仪的放射源和探测器装在压向井壁的滑板上。测井时伽马源向地层发射伽马光子,经地层散射吸收后,经过散射的部分光子由离源距离不同的两个伽马射线探测器所接收。

2. 资料应用

(1)求取岩石孔隙度:孔隙中流体密度小于岩石骨架密度,当孔隙度增大时,地层密度降低,密度测井值低;当孔隙度减小时,地层密度增大,密度测井值高。

(2)识别气层:与中子测井曲线配合识别气层。储层含气时,一般中子孔隙度减小而密度孔隙度增大,根据密度、中子孔隙度差值可以识别气层。

(3)区分岩性:密度曲线与中子、声波等曲线配合,可以较好地区分岩性(图 3-11)。

(十)中子测井

1. 测井原理

利用中子源向地层发射快中子,快中子与地层相互作用后衰减成超热中子、热中子等,在离源一定距离的观察点上记录这些中子的测井方法统称中子测井。中子测井可以测量地层的含氢量,即含氢指数。中子测井分为超热中子测井、热中子测井、中子—伽马测井、中子—中子测井。

2. 资料应用

(1)划分岩性剖面:根据不同岩性的中子响应特征,可以划分岩性剖面。

(2)识别气层:与密度测井曲线配合识别气层。储层含气时,一般中子孔隙度

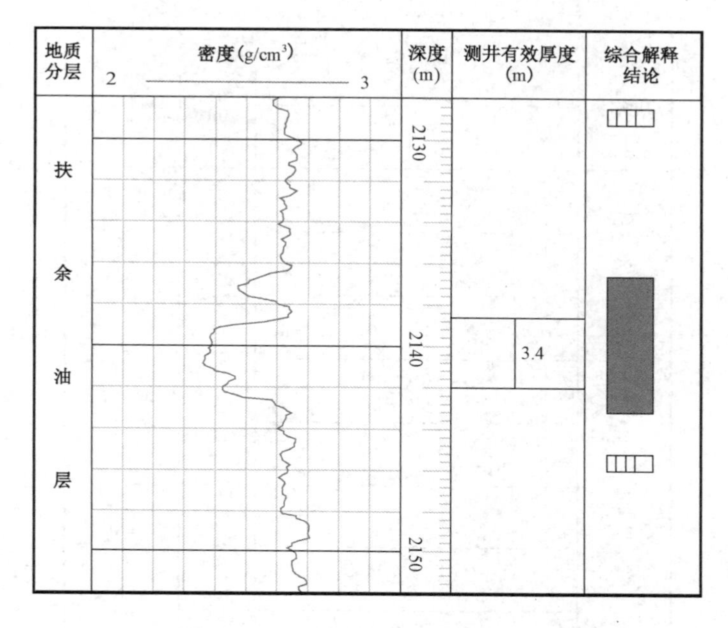

图3－11 密度测井曲线应用示意图

减小而密度孔隙度增大,根据密度、中子孔隙度差值可以识别气层。

(3)确定岩石孔隙度:一般岩石骨架不含氢,而储层流体中含氢。当储层孔隙度增大时,含氢指数增大,中子孔隙度增大,中子测井值高;当储层孔隙度减小时,含氢指数减小,中子孔隙度减小,中子测井值低。根据这一特点可以确定岩石孔隙度(图3－12)。

三、储层的"四性"关系及参数解释

(一)储层的"四性"关系

储层"四性"是指储层岩性、含油性、物性和电性。储层"四性"关系是指这四者之间的相互关系。

储层的岩性指反映岩石性质及特征的一些属性,如沉积岩的颜色、物质成分、结构、构造、胶结物及胶结类型、特殊矿物等。碎屑岩中常见的岩性有砾岩、粗砂岩、细砂岩、粉砂岩、泥质粉砂岩、粉砂质泥岩、泥岩等。

储层的含油性指孔隙中是否含油气及含油气的多少。地质上对岩心含油级别的描述分为饱含油、含油、油浸、油斑、油迹和荧光。

储层的物性指储层的孔隙性和渗透性。储层储集流体的能力称为孔隙性;储层在一定压差下允许流体渗透的能力称为渗透性。

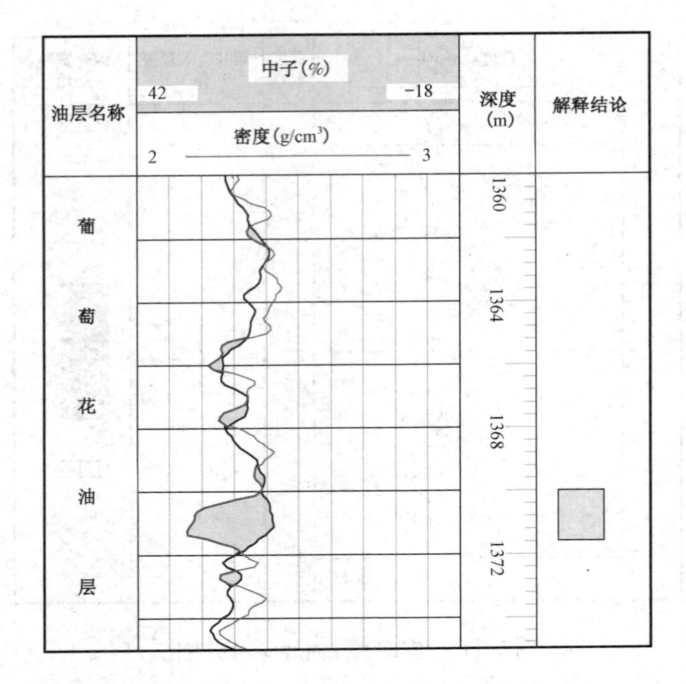

图 3-12 中子测井曲线应用示意图

储层的电性指储层的测井响应特征,包括常规电阻率测井曲线、三孔隙度曲线、自然伽马测井曲线和井径曲线以及测井新技术资料。

研究储层的“四性”关系的目的,就是利用储层岩性、含油性、物性的特征,建立三者与电性特征的关系模型,从而解释储层有效孔隙度、渗透率和原始含油饱和度等参数,识别储层中油、气、水等流体,确定储层有效厚度。

砂岩储层“四性”的一般关系是:岩性越粗、分选越好、粒度越大,储层的孔隙度和渗透率越大;反之,储层的孔隙度和渗透率越小。

(二)储层参数解释

储层参数包括有效孔隙度、渗透率、原始含油饱和度等。准确计算储层参数是计算储量、编制开发方案、进行产能评价的基础。

1. 有效孔隙度

孔隙度是指岩石孔隙体积与岩石总体积的比值。有效孔隙度是指岩石中连通孔隙体积与岩石总体积的比值。有效孔隙度是表征储层储集能力的重要指标,是油、气、水储存的空间,是进行油水层定量解释与评价的重要参数。

计算有效孔隙度通常选用声波时差等参数:

$$\Phi_e = \frac{\Delta T - \Delta T_{ma}}{\Delta T_{mf} - \Delta T_{ma}} \times \frac{328}{1.07\Delta T_{sh}} - 0.222\frac{V_{sh}\Delta T}{\Delta T_{sh}} \quad (3-1)$$

式中 Φ_e——有效孔隙度,%;

ΔT——目的层声波时差值,μs/m;

ΔT_{ma}——岩石骨架声波时差值,μs/m;

ΔT_{mf}——储层流体声波时差值,μs/m;

ΔT_{ch}——纯泥岩层声波时差值,μs/m;

V_{sh}——泥质含量,%。

2. 渗透率

渗透率(K)是指在一定压差(Δp)下,岩石允许流体通过的性质。绝对渗透率(物理渗透率)是指单相流体在多孔介质中流动,不与之发生物理化学作用,并且流体的流动符合达西定律所求得的渗透率。绝对渗透率通常用空气进行测定,称为空气渗透率,实际工作中通常用到的渗透率是空气渗透率。空气渗透率反映了油、气、水被采出的难易程度,其大小主要取决于岩石的孔隙体积、孔隙分布和连通程度。确定渗透率的基本公式:

$$\lg K = 12.6 + \lg\Phi^{0.27} - \lg S_{wi}{}^{4.3} \quad (3-2)$$

式中 K——渗透率,mD;

Φ——有效孔隙度,%;

S_{wi}——原始含水饱和度,%。

在油田开发工作中常常用到有效渗透率。有效渗透率是指当多相流体共存时,岩石对其中每一相流体的通过能力。它既与储层岩石自身的属性有关,又与流体在孔隙中的分布及流体饱和度有关。一般采用的有效渗透率与空气渗透率的关系为:

$$\lg K_e = 1.28\lg K - 1.36 \quad (3-3)$$

式中 K_e——有效渗透率,mD;

K——空气渗透率,mD。

3. 原始含油饱和度

原始含油饱和度是指储层在原始状态下,地层原油体积占有效孔隙体积的百分数。计算原始含油饱和度时,一般是先求出原始含水饱和度。原始含水饱和度主要与岩石的比表面有关,岩石比表面与其渗透率成反比。岩石比表面越大,渗透率越低,束缚水含量越高,所以原始含水饱和度随着渗透率的增大而降低。

确定原始含水饱和度的公式为:

$$S_{wi} = -322.3 - 7.3\Phi + 176.7DEN + 130.7\lg\Phi - 346.7\lg DEN \quad (3-4)$$

式中 S_{wi}——原始含水饱和度,%;

Φ——有效孔隙度,%;

DEN—密度曲线读值。

(三)储层厚度解释

油(气)层的储层厚度是指在达到储量起算标准的含油气层系中具有产油气能力的那部分砂岩厚度,是油田地质研究、地质储量计算和油田开发的重要参数。储层厚度划分的正确与否,不仅影响油田地质储量计算精度,而且还影响对油层发育程度和分布状况的认识,从而影响开发层系划分、井网部署、注采方式确定以及开发效果等。

储层厚度电性标准是利用测井参数确定的。杏北开发区储层厚度解释电性标准通过优选解释图版制定,包括三部分:厚度取舍标准、高阻层识别标准和有效厚度内部低阻夹层扣除标准。杏北开发区 DLS 测井系列电性标准汇总表见表 3-1。

表 3-1 杏北开发区 DLS 测井系列电性标准汇总表

油层	电性标准										
	有效厚度			表外一类		表外二类				高阻层识别	低阻层识别
	一次判别标准		二次判别辅助标准			一次判别标准		二次判别辅助标准			
	微球比值	声波时差(μs/m)	密度(g/cm^3)	微球比值	声波时差(μs/m)	微球比值	声波时差(μs/m)	微梯度基值	微电极幅度差	声波时差(μs/m)	微电位回返程度(%)
萨尔图	2.25	≥290	≤2.19	1.45	≥290	1.05	≥290	≥5.0	>0.2	<290	≥14
葡、高	2.06	≥285	≤2.20	1.50	≥285	1.20	≥285	≥5.0	>0.2	<285	

第二节 地层分层对比

分层对比是石油地质的基础,在石油地质勘探、开发的各个阶段,分层对比都有不同的任务。现阶段分层对比的任务是对储油岩层进行分组、分段(砂岩组)、分层(小层)地逐级划分与对比,搞清单一含油砂体的层位关系及油层分布状况。分层对比要求将每个含油砂岩层一一对应起来。在现有的经济条件下,分层对比普遍应用的资料是电测曲线。利用岩心资料研究各类岩层在电测曲线上的特征,搞清岩性与电性的关系,运用电测资料进行分层对比。

一、分层对比的依据

沉积层中各种不同岩性的演变规律都受沉积条件的控制，沉积条件的演变有其客观固有的规律。在沉积岩剖面上，各类岩石依次交替，有规律地组合，这些组合依次做周期性的重复出现，但并不是简单的重复，各具不同的特点，在沉积上这种周期性称为沉积旋回。因此，旋回对比就成为分层对比中可靠的依据。

二、分层对比的方法

大庆油田针对河流—三角洲沉积的油层特点，采用标准层控制下的“旋回对比，分级控制”对比方法。这种方法就是以沉积旋回为依据，从高级次到低级次，逐级进行对比。对比要点是：以标准层划分油层组；以三级旋回划分砂岩组；以四级旋回对比小层。

（一）对比资料的选取

电测资料是油田上用来进行广泛对比的资料，但其种类很多，而且各自又都反映了岩性的不同方面。因此，在岩性、电性关系研究的基础上，选用几种实用的电测资料，对于提高对比精度和速度都有重要的意义。

电测资料的选用标准：一是能反映油层的岩性、物性、含油性特征；二是能明显反映油层岩性组合的旋回特征；三是能明显反映岩性上的各标准层的特征；四是能明显反映各类岩层的分界面。

大庆油田依据岩性、电性关系的研究结果，选用了2.5m底部梯度视电阻率曲线、自然电位曲线和微电极曲线，它们的优缺点见表3－2。

表3－2 常用电测曲线及在对比中的优缺点

电测曲线	优点	缺点
2.5m底部梯度视电阻率	（1）能反映各级旋回的组合特征及各单层分界线； （2）能明显反映出标准层的特征	（1）厚度小于1m的岩层与过渡岩性岩层反映不明显； （2）高阻层附近易受屏蔽影响
自然电位	（1）能反映各级旋回的组合特征； （2）能反映各类岩性的孔隙渗透性	（1）不能区分渗透性相似、岩性不同的岩层，如泥岩与钙质砂岩、石灰岩； （2）岩层界面反映不明显； （3）幅度值受厚度、钻井液性能影响大
微电极	（1）能清楚地反映各个薄层的界面； （2）能够反映砂岩、含钙质岩层的岩性特征； （3）能反映各类岩性的孔隙渗透性	不能清楚地反映各级旋回组合特征

(二)选定标准层

标准层:生物、岩性、电性的特征明显,有特殊标志,易于识别,如古生物化石层、油页岩、泥灰岩、黑色泥岩、介形虫岩、介形虫钙质砂岩等;在剖面中有固定的层位,多分布于一定级次旋回的界限上;岩性、厚度变化小,分布范围广,沉积稳定,易于把上下岩层区分开来的单层或岩性组合特征明显的层段。

1. 地层部分五个标准层

明水一段标准层:2.5m 视电阻率曲线特征是两个正旋回上部泥岩曲线平直,呈低电阻,底部出现极小值;每个旋回下部为高电阻层,明水一段底界划分于最下一个砂层的底界。

嫩三段标准层:厚度 110~120m,2.5m 视电阻率曲线特征是表现为三个反旋回,均呈“羊背石”形态,其底界划分于第一个反旋回低值处。

嫩二段标准层:为嫩二段底部油页岩,厚度 3~5m,2.5m 视电阻率曲线特征是呈一束七个中高尖峰的组合,嫩二段底界划分于最肥大的尖峰处。

萨零—萨Ⅰ夹层标准层:萨一组顶界呈现三个间距相近的低阻层,第三个低阻层之下泥岩电阻值最低。

萨Ⅰ—萨Ⅱ夹层标准层:萨二组顶界低电阻值底部呈现两尖峰构成的“U”字形或“M”形底部。

2. 油层部分标准层

1)六个一级标准层

六个一级标准层为稳定沉积的岩层,稳定程度达 90% 以上。

萨零—萨Ⅰ夹层:岩性为黑色泥岩,页岩含较多的介形虫和叶肢介化石,页岩以等层为主,叶肢介化石保存不完整;电性为三个平缓的突起。

萨Ⅰ—萨Ⅱ夹层:岩性为上部黑色泥类页岩、泥灰岩,下部为介形虫层,化石保存完整,含叶肢介化石;电性为“U”字形的两个小尖峰,厚度 8~10m。

萨Ⅲ7:岩性为粉砂岩,顶部 0.2~0.3m 为介形虫或介形虫钙质粉砂岩;电性为上部一高电阻尖峰,以下的萨、葡夹层主要为泥岩,电阻曲线低平。

葡Ⅰ5:岩性为上部 0.2~0.5m 厚的深灰色介形虫灰岩或钙质粉砂岩,向下为砂岩、粉砂岩或泥质粉砂岩;电性为顶部峰值较高,向下递减,形成一个反韵律。

葡Ⅱ顶:岩性为灰色介形虫灰岩或钙质粉砂岩;电性为尖峰下有一个低凹。

高Ⅰ顶:岩性为上部黑色泥岩,下部灰黑色介形虫层或钙质粉砂岩;电性为一组较高的尖峰。

2）九个辅助标准层

九个辅助标准层的岩性、电性特征在三级构造范围内的局部地区相对稳定，故可作为各级对比在分区内的辅助标志，其稳定程度一般高于50%。

萨Ⅱ3顶：岩性为含介形虫泥灰岩或钙质粉砂岩；电性为多数曲线不明显，有些可看出一尖峰。

萨Ⅱ5底部：岩性为钙质粉砂岩或介形虫泥岩；电性为底部峰值较高。

萨Ⅱ10：岩性为灰绿色粉砂岩及灰黑色泥岩；电性为明显的低凹状。

萨Ⅲ2底部钙质层：岩性为钙质粉砂岩，有时含介形虫化石；电性为一束尖峰，与萨Ⅲ3层上的钙质粉砂岩接触处有一低值。

萨Ⅲ3下部钙质层：岩性为钙质粉砂岩或含介形虫钙质粉砂岩；电性为一阶锥状的尖峰。

萨Ⅲ6顶钙质层：岩性为钙质粉砂岩或含介形虫钙质粉砂岩；电性为一束高峰。

葡Ⅱ2底：岩性为钙质粉砂岩；电性为在曲线上已变为砂岩或粉砂岩。

葡Ⅱ3—葡Ⅱ4夹层：岩性为灰绿色或灰黑色石灰岩；电性为两组尖峰下有一较稳定的低值。

葡Ⅱ9底部：岩性为钙质粉砂岩，与葡Ⅱ10顶部的钙质粉砂岩间夹泥岩；电性为两尖峰间夹低平值。

三、分层对比的原则

分层对比坚持岩性相似、厚度比例大体相似的原则，“旋回对比，分级控制”的对比方法是多种对比方法的综合运用。大庆油田从萨、葡、高油层各级旋回与韵律的岩性厚度变化规律的实际出发，运用“旋回对比，分级控制”方法进行分层对比时，归结起来要掌握以下原则。

（一）油层组对比原则

（1）掌握油层组的岩性、岩相变化的旋回性及其反映在曲线形态上的组合特征；

（2）掌握油层厚度的变化规律；

（3）用标准层定层位对应关系的具体界线。

（二）砂岩组对比原则

（1）分析油层组内三级旋回的性质、岩性组合类型、演变规律、旋回厚度变化及电测曲线的组合特征；

(2)以在局部构造范围内分布相对稳定的泥岩层作为对比时确定层位关系的具体界限;

(3)标准层或局部层的辅助标准层可以用来控制旋回曲线。

(三)小层对比原则

(1)分析砂岩组内各小层韵律的特征,主要包括各砂岩层的相对发育程度、各砂岩间泥岩层的相对稳定程度及各小层在砂岩组中所占的厚度比例关系和顺序,以达到掌握各小层的层位特征,以及这些特征在电测曲线上的显示;

(2)按岩性相似的特点和厚度比例关系,以有稳定泥岩分隔为界线进行小层对比。

四、分层对比工作程序

(1)认识含油岩层内各级沉积旋回、岩相段,稳中有降岩相区沉积韵律的特征及稳定分布的范围,划分各级对比单元,确定各级层组划分的原则和标准。

(2)了解各项测井、录井资料在反映油层特征及各级层、组层位特征上的明显程度。

(3)分区建立标准剖面,作为分区划分、对比的依据。

① 确定标准层;

② 选定能够代表本区岩性、电性特征的岩性剖面和电测曲线;

③ 统一区内的小层编号。

(4)按井排、井间组成纵横向剖面曲线或栅状图控制区,逐井、逐层地进行对比,统一小层层位,使全区各级层位一一对应起来。

(5)要求取得完钻电测资料后,立即进行对比,对比时与周围邻井组成井组,形成闭合对比,保证对比精度。

五、分层对比结果

(一)杏北开发区地层划分

杏北开发区地层划分见表3-3。

表3-3 杏北开发区地层划分

层位				层位代号	地震标志层	厚度(m)	岩性岩相简述
系	统	组	段				
第四系				Q	T01	50~65	黑色砂质腐殖土,浅黄色粉砂质黏土
新近系		泰康组		Rt	T02		灰白杂色流沙,中下部为绿灰色泥岩

续表

层位				层位代号	地震标志层	厚度（m）	岩性岩相简述
系	统	组	段				
白垩系	上白垩统	明水组	明水二段	K_2m_2		0~70	灰色泥岩夹粉砂质泥岩,泥质粉砂岩
			明水一段	K_2m_1		0~80	绿灰色泥岩,泥质粉砂岩
		四方台组		K_2萨	T03	0~60	绿灰色泥岩,泥质粉砂岩,粉砂岩
	下白垩统	嫩江组	嫩五段	K_1n_5			灰色泥质粉砂岩夹泥质粉砂岩
			嫩四段	K_1n_4	T04	380~450	灰色泥岩,绿灰色粉砂质泥岩,泥质粉砂岩
			嫩三段	K_1n_3	T06	100~115	灰色粉砂质泥岩,泥质粉砂岩
			嫩二段	K_1n_2	T07	210~240	灰黑色泥岩为主,底部为灰褐色油页岩
			嫩一段	K_1n_1		105~120	上部为黑色泥岩,下部为灰色粉砂岩(萨尔图油层)
		姚家组	姚二三	K_1y_{2+3}	T1	77~89	棕色粉细粒油砂,含油粉砂岩(萨尔图油层)
			姚一段	K_1y_1		52~64	棕色细粒砂岩,紫红灰绿色泥岩,主要含油层段(葡萄花油层)
		青山口组	青二三	K_1qn_{2+3}	$T1^{1}$	125~145	棕色含油粉砂岩,黑色泥岩夹灰白色钙质粉砂岩及黑色介形虫层(高台子油层)
			青一段	K_1qn_1		80~96	黑色泥质夹黑色泥质介形虫层,底部为黑色劣质油页岩
		泉头组	泉四段	K_1q_4	T2	71~90	灰绿、暗紫色泥岩、粉砂质泥岩,灰色泥质粉砂岩,棕灰色含油粉砂岩(扶余油层)
			泉三段	K_1q_3	$T2^{1}$	419~437	灰绿、暗紫色、灰色泥岩、粉砂质泥岩,灰色、紫灰色泥质粉砂岩、粉砂岩,棕灰色含油粉砂岩(扶、杨油层)
			泉二段	K_1q_2		229~268	暗紫色泥岩、粉砂质泥岩,灰色、紫灰色泥质粉砂岩、粉砂岩
			泉一段	K_1q_1		376~380	上部为暗紫色泥岩、粉砂质泥岩,灰色、紫灰色泥质粉砂岩、粉砂岩,下部为暗紫色、灰色泥岩、粉砂质泥岩,灰色、紫灰色泥质粉砂岩、粉砂岩、细砂岩

(二)杏北开发区油层划分

杏北开发区油层组、小层划分见表3-4。

表3－4 杏北开发区油层组、小层划分

油层	油层组	砂岩组	小层号	层数
萨尔图	萨一组	萨Ⅰ1	1	1
	萨二组	萨Ⅱ1－4	1、2、3、4	4
		萨Ⅱ5－6	5、6	2
		萨Ⅱ7－10	7、8、9、10	4
		萨Ⅱ11－14	11、12、13、14	4
		萨Ⅱ15－16	15、16	2
	萨三组	萨Ⅲ1－3	1、2、3	3
		萨Ⅲ4－6	4、5、6	3
		萨Ⅲ7－11	7、8、9、10、11	5
葡萄花	葡一组	葡Ⅰ1－2	1、2_1、2_2	3
		葡Ⅰ3_1-3_3	3_1、3_2、3_3	3
		葡Ⅰ4_1-4_2	4_1、4_2	2
		葡Ⅰ5－8	5、6、7、8	4
	葡二组	葡Ⅱ1－4	1、2、3、4	4
		葡Ⅱ5－8	5、6、7、8	4
		葡Ⅱ9－11	9、10、11	3
		葡Ⅱ12	12	1
高台子	高一组	高Ⅰ1－4＋5	1、2、3、4＋5	4
		高Ⅰ6＋7－9	6＋7、8、9	3
		高Ⅰ10_1-13	10_1、10_2、11、12、13	5
		高Ⅰ14－17	14－17	1
		高Ⅰ18＋19－20	18＋19、20	2
合计	6	22		67

萨尔图油层：萨一组、萨二组和萨三组3个油层组，9个砂岩组，27～28个小层。

葡萄花油层：葡一组和葡二组2个油层组，8个砂岩组，19～24个小层。

高台子油层：高一组1个油层组，5个砂岩组，15个小层。

第三节　沉积相研究

一、基本概念

(一)沉积相

沉积相是沉积环境综合的物质反映,是指在一定沉积环境中形成的一套有特色的沉积物(岩石)组合,它们的沉积特征能够反映出这一特定环境所具有的沉积条件,通常以地貌单元来命名。沉积相分海相、陆相、海陆交互相三大类。沉积相的划分具有一定的级次性,通常划分为相、亚相和微相等几个级别。

沉积微相(可识别的)是基本地貌单元中形成的沉积相。

(二)沉积环境

沉积环境指沉积物形成时的自然地理环境,如山脉、河流、湖泊、海洋、沙漠等景观单位,它是沉积物形成的构造条件、气候条件、介质的物理化学和生物等沉积条件的总和。

(三)沉积模式

沉积模式是对某一类沉积环境的沉积特征和形成机理标准形式的全面总结和概括,是沉积面貌的再现,是帮助人们认识复杂沉积过程的简化形式。

(四)模式绘图法

模式绘图法是指以各种沉积模式和沉积学理论为指导,对储层的空间分布和物性特征进行模式化预测性描述的绘图方法。该方法对砂体的井间连续性分布规律、砂体几何形态和井间边界位置以及砂体的厚度分布形式和渗透率平面非均质性的描述,按一定的沉积模式进行合理的组合和预测。

(五)单砂层

在开发井网条件下的某一开发区块内,采用相控旋回等时对比方法可以稳定追溯对比的单一一期河流砂或三角洲前缘砂体,其顶底有相对连续的隔层,内部无明显连续的夹层,是井间可对比的最小沉积单元。

(六)沉积旋回(沉积韵律)

沉积旋回指在垂直地层剖面上,若干相似岩性、岩相的岩石有规律地周期性重复。其周期性重复,可从岩石的颜色、岩性、结构(如粒度)、构造等诸多方面表现出来。

二、开发地质的基本工作程序——“三步工作程序”

“三步工作程序”用建立油藏地质模型的流行术语来说，就是分步建立井模型、层模型和参数模型。

（一）建立井孔柱状剖面（一维）

以下9项参数是每个井孔一维柱状剖面必须具备的最低限度的参数：划分渗透层、有效层和隔层；判别产（含）油层、产（含）气层和产水层；给出渗透率、孔隙度和流体饱和度值。建立岩石相剖面并相应地导出一些岩石结构参数。

（二）建立分层井间等时对比关系（二维）

（1）等时对比。即通过对比把各个井中同时沉积的地层单元逐级地分别连接起来，形成若干个二维展布的时间地层单元。这是由点到面的过程，也是由一维井孔柱状剖面向建立三维油藏地质体过渡最关键的一步。

（2）精细对比。井间对比单元的精细程度，直接决定了储层描述的精细程度。油藏描述的对象，从一套含油层系一直要逐级解剖到流体流动单元。

（三）建立油藏属性空间分布（三维）

传统的方法以分层的各种等值图来表现，现代计算机则可以用整个油藏的三维数据体来显示。但不论何种表现方式，这一步工作的技术关键是如何对井点间无资料控制的油藏部分做出合乎实际的估计和预测，即如何利用井点的已知参数进行井间参数的内插、外推。预测精度直接关系着储层模型的精度。近年兴起的开发地震和地质统计学、随机建模技术，就是针对这一目标而发展起来的。

三、单层对比的具体方法

大庆油田根据油层所具有的沉积旋回的多级性、沉积旋回的稳定程度依其级次降低而变差以及标准层较多的特点，单层对比采取“旋回对比，分级控制”的对比方法。

砂岩组内不同相带砂体的成因类型、加积方式、旋回性质、组合特征及稳定性都有着很大区别，采用3种不同方法划分对比油层。

（一）三角洲外前缘相、稳定的湖湾沉积和滨外坝沉积采用湖相等厚对比方法

在标准层的控制下，按照岩性相近、电测曲线形态相似、厚度大致相等的原则进行对比。

（二）泛滥—分流平原相采用河流相不等厚对比方法

泛滥平原相为大型曲流带的透镜状砂体在剖面上呈“之”字形交错叠置的模

式,分流平原相为数条层位相当的分流河道砂岩透镜体及其河间沉积物组成的厚薄起伏的豆荚状旋回层在纵向上不规则叠置的模式。保留下来的河道砂体厚度更不相等,因此不能采用等厚度或按厚度比例进行对比的方法。

原理:河道顶界反映满岸泛滥时的泛溢面,同一河流内的河道沉积物的顶面应是等时面,而等时面应与标准层大体平行。同一河道沉积,其顶面距标准层应有基本相等的“高程”;反之,不同时期沉积的河道砂体,其顶面高程应不相同。

1. 孤立式砂体对比模式

独立型河道砂岩:即顶底皆有较厚泥质岩(≥0.4m),可自然分层分隔的一次河流旋回层。

深切独立型厚砂岩:顶底皆有较厚泥质分隔的明显超过单元平均厚度和一般切割深度的一次河流旋回层,它往往形成于河流的深槽处,为连续完整的单一曲线形态。单元底界划于河道砂底部冲刷面上,即曲线出现陡的台阶处,顶界划于上一河道砂的底部冲刷面或大段泥岩的低值处,上部泥质沉积层归下单元。

2. 复合式砂体对比模式

叠加型厚砂岩:双峰或多峰,微电极曲线和自然电位曲线显示多个旋回,有回返夹层存在。后期河流的冲刷作用仅仅把前期河道砂顶部的大段泥质岩侵蚀掉,而仍保留下来一部分较薄的泥质岩或粉砂质岩。这样几个相对完整的旋回层互相叠置,形成厚砂岩,其间保留有明显的夹层(Ⅱ类)。测井曲线形态为有明显夹层回返的几簇曲线的叠合,这样的厚砂层在划分沉积单元时相对好处理,可在夹层回返处劈分为几个独立单元。

切叠型厚砂岩:一个砂岩厚度明显相当于邻井两个中等厚度的独立型河道砂岩。切叠型河道砂体微电极曲线和自然电位曲线旋回性不明显,但在2.5m视电阻率曲线上常常为多峰显示,反映出以冲刷接触的不同河道砂单元顶、底部含油饱和度的明显差异,其极大值处正是冲刷面位置所在。分层时以冲刷面为界限。大段泥岩、薄层(包括层位偏高的小河道砂层)、薄互层发育层段以及内部无任何界线显示的切叠型厚砂岩,应依据邻井相的组合关系、旋回厚度演化趋势确定单元界线,通常应划于泥岩低值处和曲线上旋回性显示相对明显处。

3. 下切式砂体对比模式

采用河道沉积体剖面顶平底凹模式,纵向上确保河道砂体的完整性。

4. 骑墙层体对比模式

如遇介于两个单元中间的”骑墙层”,应从其砂岩主体部位与邻井上下单元层位关系着手,通过平面追溯对比决定其归属于哪个单元更合适,而把界线划于这一砂层的顶部或底部,切不可划于完整单一旋回层的内部。

(三)三角洲内前缘相采用过渡相对比方法

对大面积分布的席状砂,采用湖相对比方法;对散乱分布的不稳定水下分流河道砂,采用河流相不等厚对比方法。

四、河流—三角洲储层沉积微相成因及测井相

河流—三角洲微相典型测井曲线形态见图 3-13。

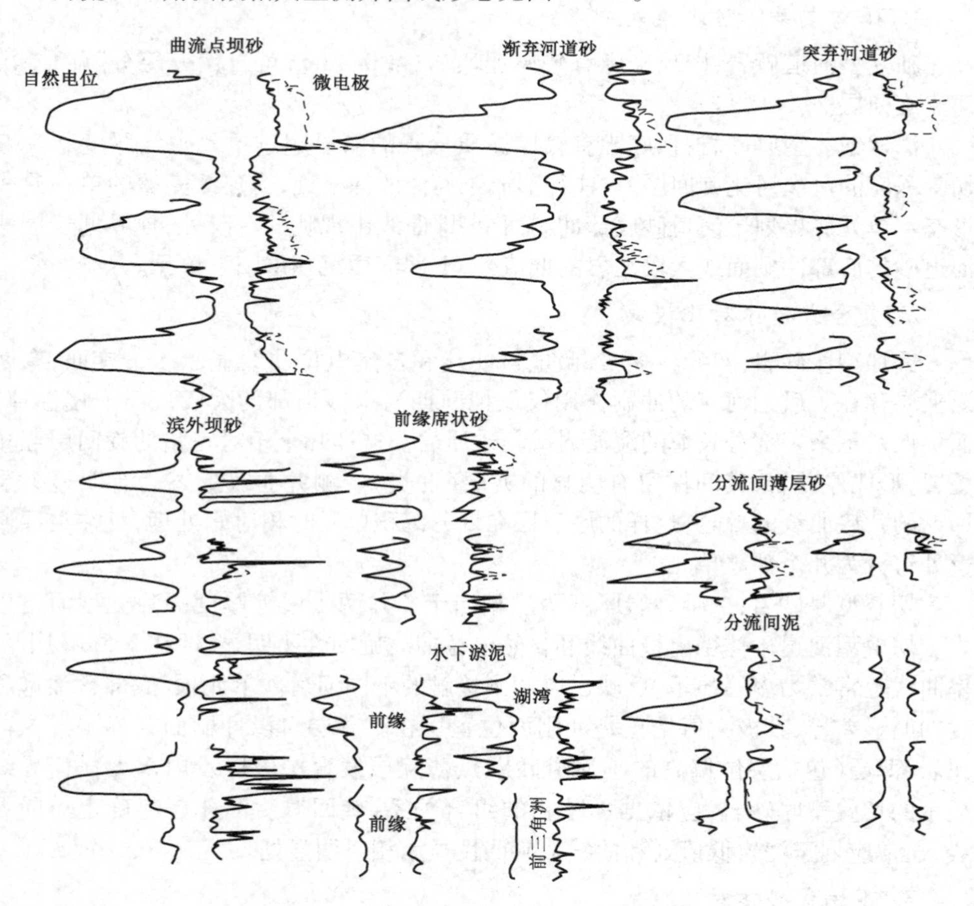

图 3-13　河流—三角洲微相典型测井曲线形态

(一)分流河道砂

分流河道砂位于水流常年冲刷的通道内,以侧向垂向加积作用形成的砂质沉积为主,平面上呈弯曲的条带状,剖面上为透镜状,几条单一河道侧向连接在一起可形成厚席状砂体。河流(或水道)的整个沉积过程是由切割、冲刷至充填,最后

被泛滥沉积物所覆盖。因此,河道底部的冲刷面、块状砂岩及上覆泛滥沉积物的正旋回组合是河流旋回层的基本特征。

按照曲线形态、旋回特征、顶底接触关系及沉积厚度大小,分流河道砂可以划分为如下几种类型:

(1)底部突变、顶部渐变的正渐变旋回层,曲线形态包括钟状和雪松状;

(2)顶底皆突变的均匀层状旋回层,以箱状曲线为主;

(3)顶底皆渐变,都有过渡段显示的复合状—均匀层状旋回层,曲线形态有圆头状和指状;

(4)上部曲线幅度比下部高,形如漏斗,显示为反旋回层的漏斗状(河道砂底部高水淹导致);

(5)曲线形态不单一显示为复合旋回层的复合状。

(二)决口河道砂

洪水期洪水冲裂河道向外侧河漫滩侵蚀冲刷形成的河道内砂质沉积,平面上呈窄条带状,规模窄小,且与分流河道砂分离,沉积的砂体中泥质含量比主河道砂高,与河间薄层砂共生。剖面上为小透镜状,一般为单一河道。它又可分为早期决口河道砂和后期决口河道砂。反映在电测曲线上,早期决口河道砂一般中、下部有陡的砂、泥岩突变,上部为光滑的泥岩低平曲线;后期决口河道砂的砂岩沉积层位要高于早期决口河道砂,一般中、下部为光滑的泥岩低平曲线,上部则为陡的砂、泥岩突变的泥岩接触关系。

(三)废弃河道砂

河流在河道凹岸一侧不断侧向侵蚀,进而发生截弯取直及河道决口改道时,老河道内形成垂向加积的泥质或粉砂质沉积体,平面上呈环形窄条带状分布在点坝外侧,剖面上为上凹底凸的不规则透镜状。其底部往往保存着河道沉积的特征,中、上部则由相邻活动河道在洪水期带来的沉积物所充填,一般为薄互层状的泥、粉砂质沉积。

废弃河道砂分为渐弃和突弃两种形式。

(1)渐弃废弃河道砂是由于边滩顶部起伏不平,低凹的流槽可以成为洪水通过的河道,也可以逐渐取代主河道,河道充填表现为一个逐渐废弃的过程。反映在电测曲线上,一般有底部的砂、泥岩突变,而上部为砂、泥岩薄互层锯齿状曲线。

(2)突弃废弃河道砂是快速堆积,河流改道形成的废弃充填或是曲流度增大,曲流颈部截弯取直形成废弃河道充填,往往为泥质塞。反映在电测曲线上,一般底部有砂、泥岩突变,而上部则为光滑的泥岩低平曲线。

(四)河间薄层砂

洪水期,当河水通过局部缺口外泄或溢出河岸,一些推移质和悬移质就沿河道边缘沉积下来。这些溢出河道的水流一旦越出河流，流速就会突然减小，沉积物快速沉降下来——细砂和粉砂沉积于河道边缘附近，细粉砂和黏土在远离河道的地方沉降下来形成河间薄层砂。根据砂体成因的不同，又可将河间薄层砂细分为天然堤、决口扇、前缘席状砂等微相类型。

1. 天然堤

洪水期，当富含悬移质的河水溢出河岸时，流速降低，细砂、粉砂和一些黏土沿河道边缘发生沉积形成天然堤。沉积以砂质为主，具有各种交错层理。天然堤的内部岩性特征反映了快速沉积、多期衰减的水动力条件。反映在电测曲线上，一般底部为泥质或砂、泥质沉积物，向上岩性变好，砂质增多，呈反旋回。

2. 决口扇

洪水期，洪水通过天然堤上的裂口或洼地发生决口，从而形成一些从天然堤裂口向外展布的扇状或舌状砂体。决口扇的内部沉积构造是不均匀的，说明它是在浅水条件下由多次洪水事件形成的且沉积速率快。决口扇沉积物是细砂至粗粉砂的不均匀混合物以及泥和砾的透镜体，厚度较天然堤砂体薄。反映电测曲线上，一般呈薄互层锯齿状，多为反旋回或复合旋回。

3. 前缘席状砂

三角洲前缘席状砂为水下分流河道河间砂，分布面积较大，可横向追溯对比，厚度小，以反旋回为主。反映在电测曲线上，一般呈尖峰、锯齿状显示。

五、地质研究成果

(一)杏北地区油层划分方案

杏北开发区油层组、砂岩组、小层、沉积单元划分见表3-5。

表3-5 杏北开发区油层组、砂岩组、小层、沉积单元划分

油层	油层组	砂岩组	小层号	层数	沉积单元	单元数
萨尔图	萨一组	萨Ⅰ1	1	1	S11	1
	萨二组	萨Ⅱ1-4	1、2、3、4	4	S21、S21-1、S21-2、S22、S22-1、S23、S23-1、S24、S24-1	29
		萨Ⅱ5-6	5、6	2	S25、S25-1、S26	
		萨Ⅱ7-10	7、8、9、10	4	S27、S28、S29、S29-1、S210、S210-1	
		萨Ⅱ11-14	11、12、13、14	4	S211、S211-1、S211-2、S211-3、S212、S213、S214	
		萨Ⅱ15-16	15、16	2	S215、S215-1、S215-2、S216	

续表

油层	油层组	砂岩组	小层号	层数	沉积单元	单元数
萨尔图	萨三组	萨Ⅲ1－3	1、2、3	3	S31、S31－1、S32、S32－1、S32－2、S33、S33－1	20
		萨Ⅲ4－6	4、5、6	3	S34、S35、S35－1、S36、S36－1	
		萨Ⅲ7－11	7、8、9、10、11	5	S37、S37－1、S38、S39、S39－1、S310、S311、S311－1	
葡萄花	葡一组	葡Ⅰ1－2	1、2_1、2_2	3	$P11_1$、$P11_2$、$P12_1^{1}$、$P12_1^{2}$、$P12_2$	21
		葡Ⅰ3_1－3_3	3_1、3_2、3_3	3	$P13_1$、$P13_2$、$P13_3^{1}$、$P13_3^{2}$、$P13_3^{2b}$	
		葡Ⅰ4_1－4_2	4_1、4_2	2	$P14_1$、$P14_2$、$P14_2-1$、$P14_2-2$、$P14_2-3$	
		葡Ⅰ5－8	5、6、7、8	4	P15、P15－1、P16、P17、P17－1、P18	
	葡二组	葡Ⅱ1－4	1、2、3、4	4	P21、P22、P22－1、P23、P24	17
		葡Ⅱ5－8	5、6、7、8	4	P25、P26、P26－1、P27、P27－1、P28、P28－1	
		葡Ⅱ9－11	9、10、11	3	P29、P29－1、P210、P211	
		葡Ⅱ12	12	1	P212	
高台子	高一组	高Ⅰ1－4＋5	1、2、3、4＋5	4	G11、G12、G12－1、G13、G13－1、G14＋5	17
		高Ⅰ6＋7－9	6＋7、8、9	3	G16＋7、G18、G19	
		高Ⅰ10_1－13	10_1、10_2、11、12、13	5	$G110_1$、$G110_2$、G111、G112、G113	
		高Ⅰ14－17	14－17	1	G114－17	
		高Ⅰ18+19–20	18＋19、20	2	G118＋19、G120	
合计	6	22		67		105

(二)杏北开发区沉积微相划分

(1)依据 Q/SY DQ0905—2003《大庆油田单砂层沉积相带图编制技术规范》，结合杏北开发区实际情况划分储层沉积微相，见表3－6。

表3－6 杏北开发区沉积微相划分标准

主力油层(一类油层)			非主力油层(三类油层)		
沉积微相	代码	划分标准	沉积微相	代码	划分标准
河道砂	A	利用测井曲线识别	水下分流河道砂	1	有效厚度≥1.5m
废弃河道砂	B	利用测井曲线识别	主体席状砂	2	有效厚度≥0.5m
河间薄层砂	C	利用测井曲线识别	非主体席状砂	3	有效厚度0.2～0.4m
表外储层	D	有效厚度＝0	表外储层	4	有效厚度＝0
尖灭区	E	表外厚度＝0	尖灭区	5	表外厚度＝0

(2)前缘相储层砂体成因类型的确定。

在综合分析各单层平面岩相单元组合分布特点的基础上，确定适合本地区的储层成因类型分类标准，精细描述各单层的平面非均质特性。杏北地区三角洲前缘相储层成因类型分类标准见表3－7。

表3－7　杏北地区三角洲前缘相储层成因类型分类标准

分类		钻遇率(%)				
		水下分流河道砂	主体席状砂	非主体席状砂	表外储层	尖灭区
三角洲内前缘相		10	30～50	20～30	10～20	10
外前缘	Ⅰ	10	30～40	15～30	15～30	5～15
	Ⅱ	5	15～30	25～35	30～45	5～25
	Ⅲ	5	10～15	10～25	40～55	10～35
	Ⅳ	0	5	5	15～35	55

(三)杏北开发区储层沉积特点

(1)水下分流河道砂体或顺直型分流河道砂体：以垂向加积作用为主，一般砂体对称充填于整个河道，中厚边薄，沉积厚度相对均匀，由北至南呈窄条带状或网状分布，如$P11_1$、$P11_2$单元。

(2)低弯曲分流河道砂体：侧向加积作用增强，垂向加积作用相对减弱，侧向上略显不对称充填，河道凹岸沉积厚，凸岸沉积薄，砂体一般呈南北方向交叉合并的网状格局，单一河道发育特点比较明显，在河道的凹岸发育有部分废弃河道，如$P12_2$单元。

(3)高弯曲分流河道砂体：以侧向加积作用为主，它与低弯曲分流河道砂体有很大差别，点坝砂体规模较大，常发育曲流迂回扇，废弃河道控制着点坝砂体的平面形态。可通过废弃河道的识别，对尖灭区和分流间薄层砂发育趋势进行单一河道展布的方向性预测，可明显看出复合曲流带的方向性及其内部旋涡状点坝砂体的分布状况。

(4)内前缘坨状三角洲沉积：是在水动力条件很强的情况下形成的，包括S28、S212和S216等沉积单元。以S28为例，平面上连续的条带状分布水下分流河道砂体合并分叉频繁，在平面上构成网状格局。内外前缘分界线大致在杏6－3排一带摆动。分流河道间为大面积分布的表内主体薄层砂，其砂体规模大、分布范围较广、厚度比较稳定、平面非均质性差异较小。向南随着河流能量的减弱，储层发育状况也逐渐变差。

(5)内前缘过渡状三角洲沉积：这类砂体形成时，河流作用较弱，湖浪改造作用较强。由其平面沉积相带图可以看出，其水下分流河道呈较窄的条带状，具有明显的南北方向性，被同样条带形分布的主体薄层砂所包围或互相连接，共同组成更为明显的条带形砂体。这类砂体的水下分流河道分叉现象相对较少，其主体薄层砂正是水下分流河道被波浪改造后的结果，如S37。

(6)外前缘相滨外坝沉积：包括G16+7、P 24，是杏北地区三角洲外前缘相沉积储层中一种特殊的砂体沉积类型。储层在三角洲外前缘末端与前三角洲过渡区域，表内厚层稳定发育，是由较强的波浪作用所引起的沿岸流或湖流对侧翼三角洲前缘的沉积物再搬运，在三角洲前缘末端地形平坦的湖岸浅水区再沉积，形成与湖岸线平行分布、厚而宽的条带状滨外坝砂体沉积。

(7)三角洲外前缘Ⅰ类储层：是在河流能量较强、湖水能量相对较弱的靠近湖岸线区域，向前延伸，随着河流能量减弱以致消失、湖水能量增强，其骨架砂体——主体薄层砂的沉积过程为仍具有方向性的条带状分布→砂体方向性不明显或不具方向性大面积分布→断续的条带状或片状分布(外Ⅰ)→外Ⅱ或Ⅲ类储层。而非主体薄层砂或表外储层由窄条带状或小片状与表内厚层相间分布演变为不规则窄条带状或小片状充填于表内厚层之间分布(外Ⅰ)，再进一步演变为以较大面积连片分布而降为外Ⅱ或Ⅲ类储层。

(8)三角洲外前缘Ⅱ类储层：是在河流能量较弱、湖水波浪的改造再分配作用较强的条件下形成的，且主要受湖浪的改造或湖流散布作用影响。因此，该类储层砂体分布形态复杂多变，由北向南水动力条件减弱，部分单层仍为Ⅱ类储层，但骨架砂体——非主体薄层砂的分布面积减小，但总体上仍以非主体薄层砂和表外储层呈较大面积连片分布为主，部分单层降为外Ⅲ或Ⅳ类储层，以表外储层大面积分布为主。

(9)三角洲外前缘Ⅲ类储层：是在三角洲向前生长过程中，由远离湖岸的外前缘逐渐向前三角洲区域过渡，大部分单层由Ⅲ1降为Ⅲ2类，由Ⅲ2降为外Ⅳ类储层。其砂体分布由表外储层和非主体薄层砂大面积分布(外Ⅲ1)逐步演变为以表外储层大面积分布为主(外Ⅲ2)，再进一步演变为外Ⅳ类储层，以表外储层呈不规则的小片状、小条带状或井点的方式分布在大片状泥质岩中。

第四节 地质储量计算

地质储量是勘探、开发成果的综合反映，是开发油田的物质基础。它为正确地划分开发层系、部署井网、确定开发原则、合理开发油田提供重要依据，能否算准储量，关系到国民经济计划的安排，最终影响到合理开发油田的效果。

油田储量是随着勘探程度的提高，对油田不断加深认识逐步核实的，特别是在勘探初期，不可能对构造、储层等完全认识和掌握。因此，在逐步加深对油田储层认识的基础上,计算储量要尽可能落实可靠。

一、地质储量的概念

地质储量:指在地层原始条件下,具有产油(气)能力的储层中原油的总量,按开采价值划分为表内储量和表外储量。

表内储量:指在现有技术经济条件下,有开采价值并能获得社会经济效益的地质储量。

表外储量:指在现有技术经济条件下,开采工艺不能获得社会经济效益的地质储量。但当原油价格提高或工艺技术改进后,某些表外储量可以转变为表内储量。

二、储量分级

油田从发现、探明到开发,大体经历预探、评价钻探和开发三个阶段。整体勘探开发过程是对油田地下地质规律认识程度不断深入,储量参数精度不断修正、不断提高的过程。因此,按照油田勘探程度和认识程度,从不同的需要出发,将油田储量划分为预测储量、控制储量和探明储量三级。

预测储量:在地震详查以及其他方法提供的圈闭内,经过预探井钻探获得油(气)流、油气层或油气显示后,根据区域地质条件分类和类比,对有利地区按容积法估计的储量。该圈闭内的油层变化、油水关系尚未查明,储量参数是由类比法确定的,因此,可估算一个储量范围值。预测储量是制订评价钻探方案的依据。

控制储量:在某一圈闭内预探井发现工业油(气)流,在评价钻探过程中钻了少数评价井后所计算的储量。该储量通过地震和综合勘探新技术查明了圈闭形态;对所钻的评价井已作详细的单井评价;通过综合研究,已初步确定油藏类型和储层的沉积类型,并大体控制了含油面积和储层厚度的变化趋势;对油藏复杂程度、产能大小和油气质量已做出初步评价。

探明储量:是在油田评价钻探阶段完成或基本完成后计算的储量。在现代技术经济条件下,探明储量是可提供开采并能获得社会经济效益的可靠储量。探明储量是编制油田开发方案、进行油田开发建设投资决策和油田开发分析的依据。

计算探明储量时,应分别计算石油及溶解气的地质储量、可采储量和剩余可采储量。

探明储量按勘探开发程度和油藏复杂程度分为以下三类:

基本探明储量:指多含油气层系的复杂断块油田、复杂岩性油田和复杂裂缝性油田,在完成地震详查、精查或三维地震,并钻了评价井后,在储量计算参数基本取全、含油面积基本控制的情况下所计算的储量。该储量是进行滚动勘探开发的依据。在滚动勘探开发过程中,部分开发井具有兼探的任务,应补取算准储量的各项参数。在投入滚动勘探开发后的三年内,复核后可直接升为已开发探明储量。基本探明储量的相对误差不超过±30%。

未开发探明储量:指已完成评价钻探,并取得可靠的储量参数后所计算的储量。它是编制开发方案和进行开发建设投资决策的依据,其相对误差不超过±20%。

已开发探明储量:指在现有经济技术条件下,通过开发方案的实施,已完成开发井钻井和开发设施建设,并已投入开发的储量。该储量是提供开发分析和管理的依据,也是各级储量误差对比的标准。新油田在开发井网钻完后,即应计算已开发探明储量,并在开发过程中定期进行复核。当提高采收率的设施建成后,应计算所增加的可采储量。

三、地质储量计算方法

国内外油、气藏储量计算方法有以下几种:类比法、矿场不稳定试井法、容积法、物质平衡法、产量递减法、水驱特征曲线法与统计模拟法。目前大庆长垣及外围油田均采用容积法计算储量。

容积法是计算油、气藏地质储量的主要方法,应用最广泛。该方法适用于不同勘探开发阶段、不同的圈闭类型、不同的储集类型和驱动方式,计算结果的可靠程度取决于资料的数量和质量。对于大、中型构造砂岩层油、气藏,该方法计算精度较高,而对于复杂类型油、气藏,则准确性较低。容积法计算石油地质储量公式:

$$N = 100Ah\phi(1 - S_{wi})\rho_o/B_{oi} \tag{3-5}$$

式中 N——石油地质储量,10^4t;

A——含油面积,km^2;

h——平均有效厚度,m;

ϕ——平均有效孔隙度,%;

S_{wi}——平均油层原始含水饱和度,%;

ρ_o——平均地面原油密度,t/m^3;

B_{oi}——平均原始原油体积系数。

四、杏北开发区地质储量计算历程

杏北开发区自投入开发以来,采用容积法进行了五次地质储量计算。

(一)1962年第一次地质储量计算

1962年1月第一次上报杏北油田的地质储量。杏北地区处于勘探阶段,仅有探井20口,拥有部分井的取心和大段试油资料,且取心收获率不高,仅达到

60.4%,对油田也仅有初步的轮廓认识,计算的萨、葡油层储量为二级加三级储量(即基本探明储量加远景推测储量)。储量计算的总原则是立足于油田的自喷开采,油层有效厚度物性标准为油砂砂岩,空气渗透率为150mD,有效孔隙度下限23%,油层起算厚度为0.5m。地质储量为24609×10^4t。

(二)1978年开发地质储量计算

自1962年至1978年杏北开发区全面投入开发,大量的油水井生产和分层测试资料为加深对油田的认识、进一步认识各项储量参数提供了可靠的依据,同时,对油田构造、原油性质、储层类型及油层物性的认识进一步加深。基于这些情况,对杏北开发区萨、葡油层进行了储量升级计算。储量升级的总原则是油井自喷开采,油层有效厚度标准为油砂、含油砂岩,空气渗透率为50mD,有效孔隙度下限23%,起算厚度0.5m。计算结果为33489×10^4t,为一级甲等储量(落实储量)。

(三)1985年以薄差油层为重点的地质储量复算

油田开发是一个不断实践、对油层不断认识的过程。随着钻井资料、测井资料、取心资料和分层测试资料的积累,以及薄层测井、射孔及压裂工艺等配套技术的形成,对油层可动用条件和动用状况的认识不断加深。在1978年的储量计算中,以油砂为含油性标准,以0.5m为起算厚度,起算厚度标准的概念没有突破,造成油田动态分析、稳产预测、规划编制以及开发调整都暴露出诸多矛盾,对搞好油田开发动态分析预测和进一步开发调整都是不利的。因此,根据油田开发过程中的新认识、新问题,重新复算储量,逐步搞清油田储量潜力。计算储量的参数中,主要是对有效厚度、有效孔隙度和含油饱和度等进一步认识:在以往含油产状法的基础上,从可动油的概念出发,采用试油研究和确定有效厚度的物性标准,认为试油资料能反映油层中油流动与不流动界限。以此为基础,将岩性和含油产状标准分别降低为粉砂岩和油侵,空气渗透率下限降到25mD,有效孔隙度标准降至20%,起算厚度降低到0.2m。计算结果为地质储量53460×10^4t,含油面积197.9km^2。

(四)1995年表外储层地质储量计算

油田开发的实践,特别是大量的取心井资料和分层测试资料都说明还有许多没有计算储量的含油层在吸水、出油,尤其是在以低渗透薄层和表外储层为调整对象的二次加密井中,这类未计算的表外储层储量占有相当比例。因此,为搞好二次加密调整地区油田开发动态分析和预测,必须对已投入开发的表外储层地质储量进行计算。此次参与表外地质储量计算的厚度为独立表外厚度和有效厚度小于0.5m的渐变表外厚度,计算结果为11641×10^4t。

(五)2015年细分沉积单元地质储量计算

依据储层精细描述研究成果,2015年完成了杏北开发区细分沉积单元地质储量计算。全区含油面积197.9km^2，地质储量65101×10^4t。其中，表内储层地质储量53460×10^4t，占总储量的82.1%；主力油层地质储量23105.4×10^4t，占总储量的35.5%；纯油区含油面积141.5km^2，地质储量56557.4×10^4t，占全区地质储量的86.9%（表3－8）。

表3－8 杏北开发区地质储量汇总

油层	表内储层		表外储层		储量合计（10^4t）
	储量（10^4t）	比例（%）	储量（10^4t）	比例（%）	
主力油层	22406.8	97.0	698.6	3.0	23105.4
非主力油层	31053.2	73.9	10942.4	26.1	41995.6
合计	53460	82.1	11641	17.9	65101

1. 主力油层地质储量（以有效厚度≥2.0m、渗透率≥100mD为主）

按有效厚度度划分，主力油层有效厚度≥2.0m的表内储量占68.0%（表3－9）。按有效渗透率分级统计，主力油层渗透率≥200mD的表内储量占81.9%。其中，渗透率≥500mD的表内储量仅占31.0%（表3－10）。

表3－9 按有效厚度度划分，杏北开发区主力油层地质储量构成

沉积类型		单元（个）	表内储层（%）			表外储层（%）	储量合计（10^4t）
			≥2.0m	1.9～1.0m	<1.0m		
内前缘相		2	41.9	24.1	22.8	11.2	3324.6
分流平原	低弯曲	3	65.2	21.1	11.3	2.4	7736.5
	高弯曲	4	77.1	13.7	8.0	1.2	12044.3
合计		9	68.0	17.7	11.3	3.0	23105.4

表3－10 按有效渗透率分级，杏北开发区主力油层地质储量构成

沉积类型		单元（个）	表内储层（%）				表外储层（%）	储量合计（10^4t）
			≥500mD	499～200mD	199～100mD	<100mD		
内前缘相		2	23.3	37.7	13.0	14.8	11.2	3324.6
分流平原	低弯曲	3	33.9	46.8	9.3	7.6	2.4	7736.5
	高弯曲	4	31.3	57.0	6.3	4.2	1.2	12044.3
合计		9	31.0	50.9	8.3	6.8	3.0	23105.4

2. 非主力油层地质储量（以有效厚度<1.0m及表外储层为主）

非主力油层有效厚度≥1.0m的表内储层地质储量占22.0%。从储层沉积类型上看，储量主要分布在外前缘相Ⅰ、Ⅱ、Ⅲ类储层中，占86.4%（表3－11）。按有

效渗透率分级统计，有效渗透率≥100mD 表内储层地质储量占 41.0%，其中，有效渗透率≥500mD 仅占 2.7%（表 3－12、表 3－13）。

表 3－11　按有效厚度划分，杏北开发区非主力油层地质储量构成

沉积类型		单元（个）	表内储层（%）			表外储层（%）	储量合计（10^4t）
			≥1.0m	0.9～0.5m	0.4～0.2m		
内前缘相		3	44.7	23.2	17.7	14.4	4307.1
外前缘相	Ⅰ类	13	25.5	30.6	23.4	20.5	13425.3
	Ⅱ类	16	19.7	31.2	24.7	24.4	11410.8
	Ⅲ类	39	13.1	25.2	25.9	35.8	11452.3
	Ⅳ类	24	9.0	19.6	22.8	48.6	1400.1
合计		95	22.0	28.2	23.7	26.1	41995.6

表 3－12　按有效渗透率分级，杏北开发区非主力油层地质储量构成（一）

沉积类型		单元（个）	表内储层（%）				表外储层（%）	储量合计（10^4t）
			≥200mD	199～100mD	99～50mD	<50mD		
内前缘相		3	37.2	17.5	6.8	24.1	14.4	4307.1
外前缘相	Ⅰ类	13	24.8	20.7	10.5	23.5	20.5	13425.3
	Ⅱ类	16	22.4	20.0	10.1	23.1	24.4	11410.8
	Ⅲ类	39	17.7	14.5	7.0	25.0	35.8	11452.3
	Ⅳ类	24	7.1	8.2	4.7	31.4	48.6	1400.1
合计		95	22.9	18.1	8.8	24.1	26.1	41995.6

表 3－13　按有效渗透率分级，杏北开发区非主力油层地质储量构成（二）

沉积类型		单元（个）	表内储层（%）					表外储层（%）	储量合计（10^4t）
			≥500mD	499～200mD	199～100mD	99～50mD	<50mD		
内前缘相		3	4.4	32.8	17.5	6.8	24.1	14.4	4307.1
外前缘相	Ⅰ类	13	2.9	21.9	20.7	10.5	23.5	20.5	13425.3
	Ⅱ类	16	2.9	19.5	20.0	10.1	23.1	24.4	11410.8
	Ⅲ类	39	1.9	15.8	14.5	7.0	25.0	35.8	11452.3
	Ⅳ类	24	0.6	6.5	8.2	4.7	31.4	48.6	1400.1
合计		95	2.7	20.2	18.1	8.8	24.1	26.1	41995.6

非主力油层表外储层地质储量 10942.4 × 10^4t，占表外储层总储量的 94.0%。非主力油层以独立型表外储层为主，其储量占非主力油层表外储量的 78.7%（表 3－14）。

表3-14 杏北开发区非主力油层表外储层地质储量构成

沉积类型		单元（个）	独立型（%）			渐变型（%）	储量合计（10^4t）
			一类	二类	小计		
内前缘相		3	35.1	35.3	70.4	29.6	622.2
外前缘相	Ⅰ类	13	34.9	35.8	70.7	29.3	2757.5
	Ⅱ类	16	36.7	39.6	76.3	23.7	2782.4
	Ⅲ类	39	34.7	50.3	85.0	15.0	4099.2
	Ⅳ类	24	27.7	63.2	90.9	9.1	681.1
合计		95	34.8	43.9	78.7	21.3	10942.4

第五节 地质研究成果图幅编制及应用

地质研究成果图幅主要包括开发井位图、油层对比剖面图、油层栅状连通图、沉积相带图、储层平面等值图等各种图幅，目前均采用GPTmap软件进行绘制，达到各种图幅数据一致性。

一、开发井位图

开发井位图指完钻后实际的油田开发井分布图。图上标有断层，井别用符号区分。它是编制各种等值图、开采现状图、水线推进图等的基础图幅，也是油田开发动态分析的基本图幅之一。

井点按"井位坐标、井号、井网、井别、井况"五个基础信息绘制，通过井位图即可了解对井的基本情况。

（一）井位坐标

直井——地面坐标。

斜井——地面井位与地下井位不一致，绘图时井位按地下坐标，用一条直线指向地上坐标。

（二）井号

井号标注在井圈上方，用"杏"或"X"开头，表示该井属于杏北开发区，依次为区号、排号、井号，如杏1-1-22。

（三）井网

通过颜色区别，能够直接掌握该井的开采目的层，同时也能体现各套井网在地面的相对位置。基础井网——黑、一次加密——红、二次加密——绿、三次加密——蓝、三次采油——浅蓝（图3-14）。

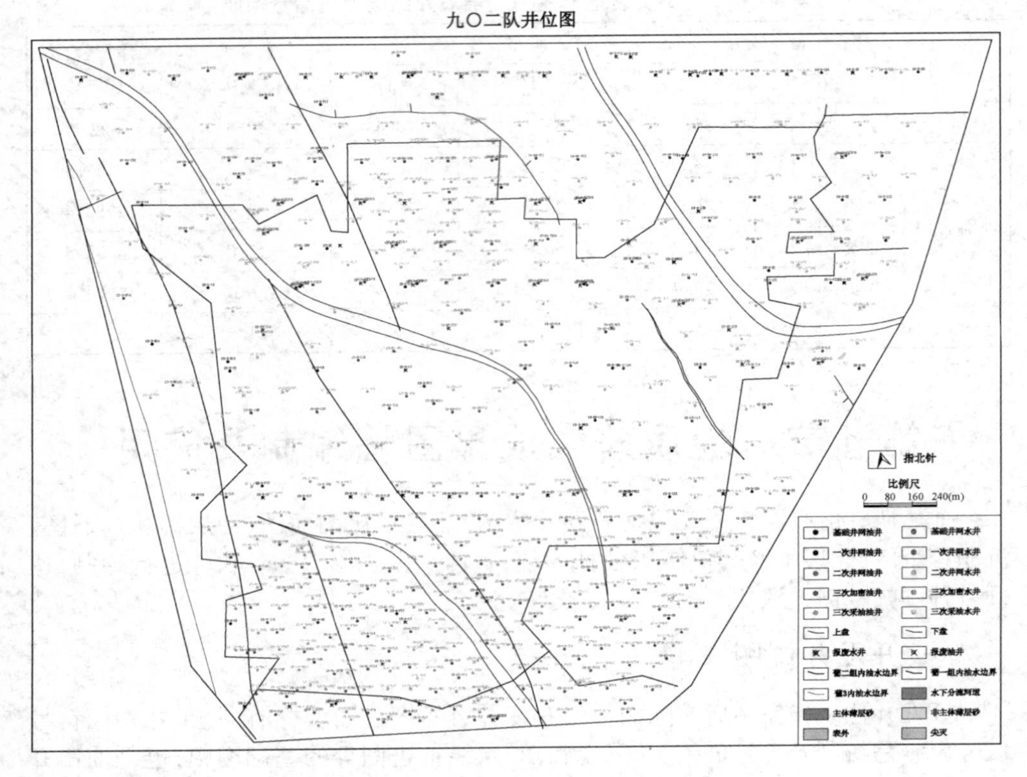

图3－14　开发井位图

(四)井别

按目前井网标注采油井、注水井。

(五)井况

按目前油水井应用状况,标注报废、错断、变形。

二、油层对比剖面图

油层对比剖面图是表示油层在油田某一方向剖面上的砂层号、连通状况、有效厚度、砂岩厚度、渗透率等变化的图幅,是油田开发动态分析的重要图幅(图3－15)。

(一)编图原则

(1)描述油层在油田某一方向剖面上的砂层号、连通状况、有效厚度、砂岩厚度、渗透率等的变化。

(2)单井柱状剖面要按距目的层段最近的标准层拉齐。

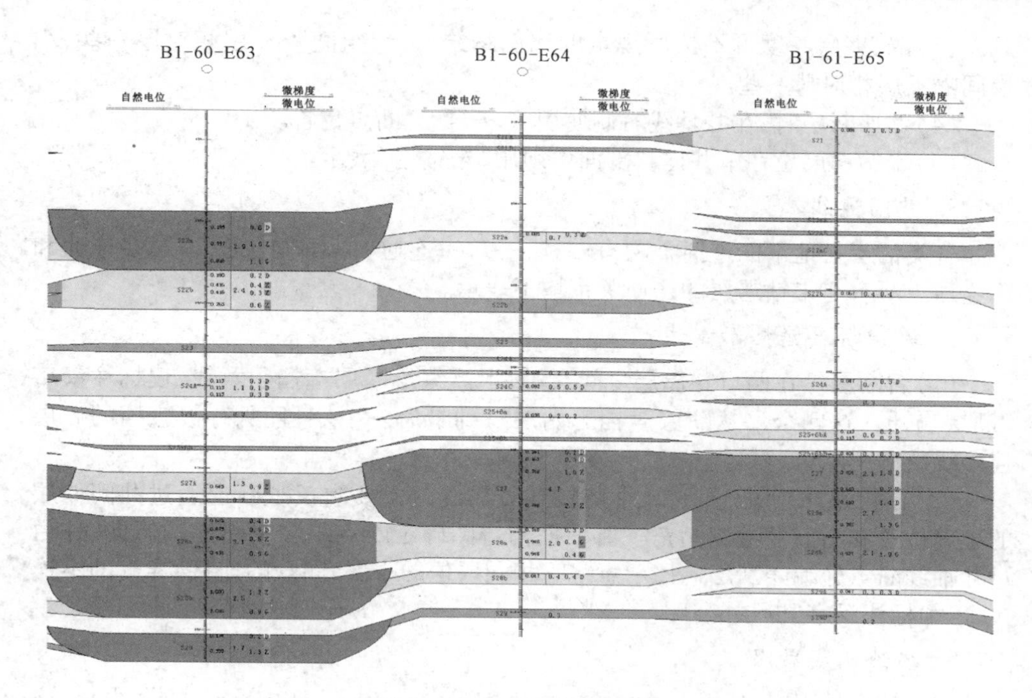

图3-15 油层对比剖面图

(3)各井点的单井柱状剖面位置应一致。

(4)井号标注在井圈上方,距离可根据实际情况而定。

(5)标明纵、横向比例。

(二)编图方法和步骤

1. 确定基准线、井轴线、辅助线

(1)根据剖面顶部层位的深度设置基准线,位置在井圈下方0.2~0.3cm。

(2)在井圈正下方沿基准线垂直向下编绘一条线段作为该井柱状剖面的井轴线,线段长度依据层位的终结深度确定。

(3)距基准线以下1.5cm处编绘一条辅助线,该辅助线代表剖面顶部层位的上对比界限,以下按比例编绘单井小层柱状剖面。

2. 编制单井柱状剖面

(1)在基准线与辅助线之间标注柱状剖面所需各项内容的名称。井轴线左侧依次为有效渗透率、射孔层段、小层层号;井轴线右侧依次为水淹级别、砂岩厚度、有效厚度、油层组。

(2)在单井柱状剖面上按顺序和所规定的比例编绘储层厚度。含有效厚度的储层顶、底面线使用实线表示,无有效厚度的储层顶、底面线使用虚线表示。

(3)隔、夹层厚度可不按所规定的比例编绘，油层组间隔夹层相对厚一些，小层间隔夹层相对薄一些。

(4)钻遇断层时，在井轴线右侧使用"—F"标注断点位置。

(5)未钻遇层位在单井柱状剖面中须用"未钻遇"表示。

3. 井间连线

各类油层在地下的连通类型有四种：一对一连通、一对多连通、多对多连通和不连通。所有与未钻遇层的连通关系均不表示。

4. 编绘断层遮挡示意线

(1)若断层仅在两口井储层之间通过，不需编绘断层遮挡示意线，仅标注汉字"断层隔开"，这四个字从断层遮挡起始层写到最后一个层，且所有被遮挡的砂层连接线整齐中断。

(2)在相邻井点中(含一口井)钻遇断点，此时不要求反映断层通过井间储层的准确位置和断面的准确倾角。要根据构造图确定断点组合及断层的倾向，并通过井轴线断点处编绘断层遮挡示意线。相同层位的小层，同盘的连接，异盘的不连接，但须标注汉字"断层隔开"。

5. 编绘油底界限

编绘油底界限时，应垂直井轴线，居中编绘长3.0cm、粗0.8mm的横线，在该线左侧向上编绘一个离井轴线1.0cm的箭头，箭头以上表示纯油，在横线之下标注"油底"二字。

6. 渗透率分级

渗透率可根据实际情况分级，并由高到低分别标注红色、黄色、绿色、灰色等色标；非渗透层或干层空白；水层为浅蓝色；油水同层的上部标注油层同渗透率级别的色标，下部标注水层的色标；同时有2个级别的渗透率，利用颜色相互渗透的方式来过渡。

三、油层栅状连通图

油层栅状连通图是以栅状的形式表示采油井、注水井之间油层的连通状况、有效厚度、砂岩厚度、渗透率等变化的图幅。它是进行油水井动态分析、编制分层配产配注方案等的基本图幅之一(图3-16)。

(一)编图原则

(1)以栅状的形式描述井间油层的连通状况及砂岩厚度、有效厚度、渗透率等变化。

(2)以表格形式汇总井间连通状况。

(3)井号标注与井位图一致。

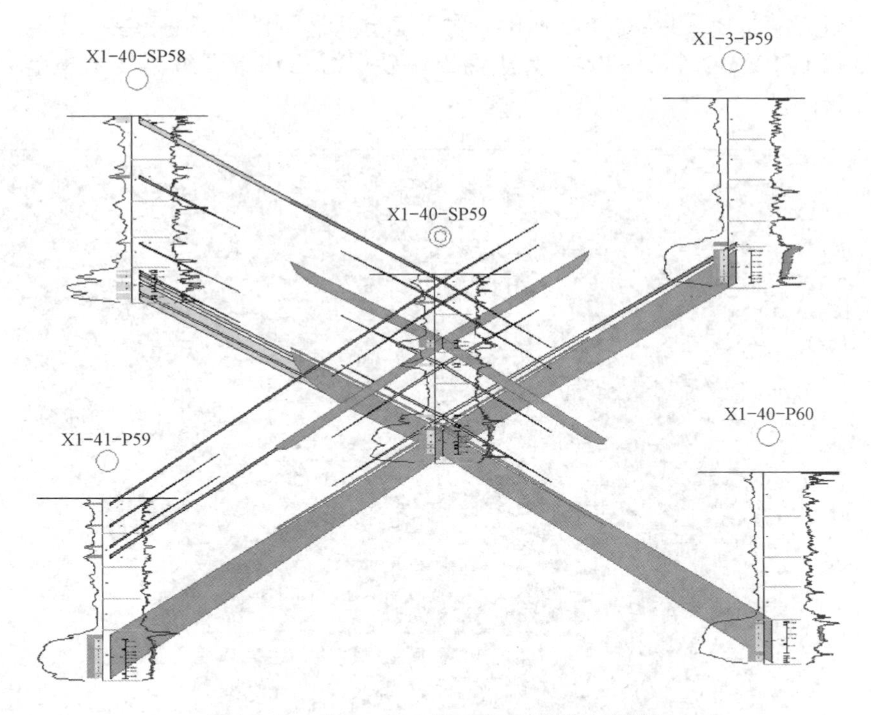

图 3-16 杏 1-40-斜 P59 井组栅状连通图

(4)可根据实际情况确定比例尺,注明纵向比例。

(二)编图方法和步骤

(1)确定基准线、井轴线、辅助线。确定基线,并按井的排列从上到下画好基线及井轴线,井轴线的长度根据所要画的油层厚度决定,一般采用 1∶500 或 1∶200的比例尺。

(2)编制连通对比剖面。

(3)井间单砂层对比连线。

① 下压上,左压右。先连最下排的井,之后向左上角连线,再向右上角连线;依次连第二排的井,后面的连线与之前的连线相遇处须断开,避免交叉。

② 本井为含有效厚度储层,邻井为非有效厚度储层,靠近本井的一段连实线,而靠近邻井的一段连虚线。

③ 本井为油层,邻井为水层或油水同层,连实线。

④ 编绘断层线、油底界限,进行渗透率分级。

四、沉积相带图

沉积相带图是表示不同相带在油层平面上分布状况的图件(图 3-17)。它是沉积相研究的重要成果,是指导油田开发动态分析和调整挖潜的重要依据。

依据 Q/SY DQ0905—2003《大庆油田单砂层沉积相带图编制技术规范》绘制沉积相带图。

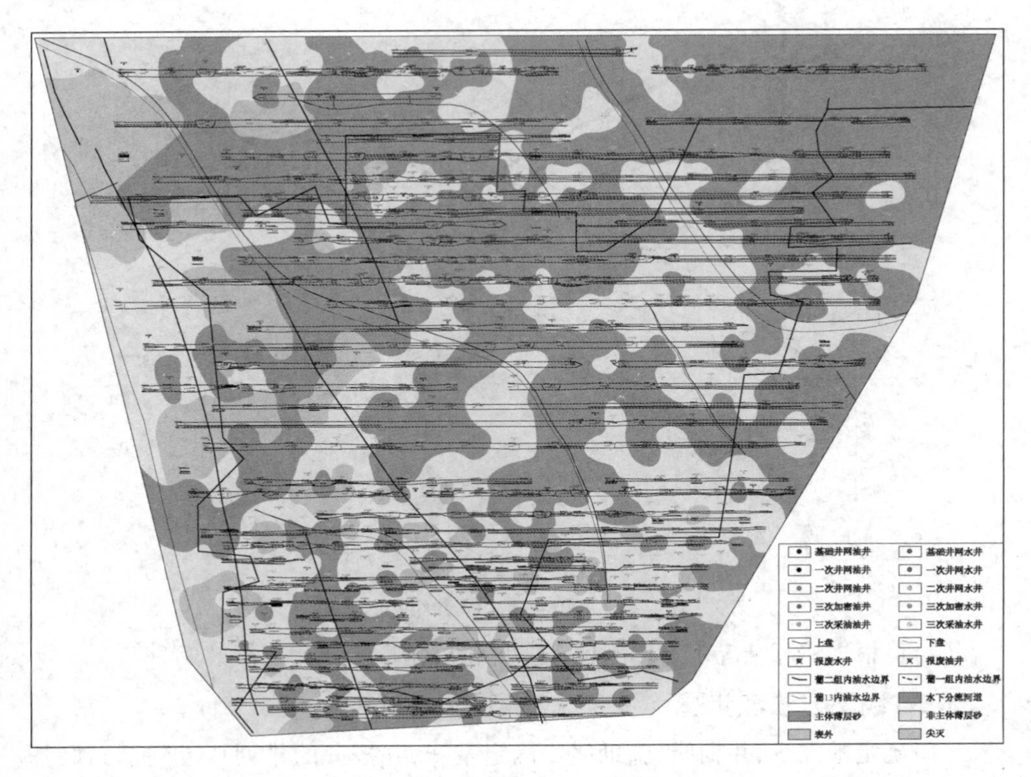

图 3-17　九〇二队 S23-1 层沉积相带图

(一)数据准备

井号库 JH:标准井号,井位坐标,井别,井网。

夹层库 DAA054:标准井号,三类夹层顶深,三类夹层厚度。

细分层库 DAA073:标准井号,砂岩分组名称,砂岩分组顶深,细分沉积单元微相。

小层库 DAA05:标准井号,油层组名称,小层号,二类砂岩顶深,二类砂岩厚度,砂岩顶深,砂岩厚度,有效厚度顶深,有效厚度,渗透率,孔隙度,原始含水,目前含水,射孔情况,电测解释结果。

测井曲线数据化:把测井曲线转化为 DAT 或 LIST 格式。

(二)绘制底图—井位图

可旋转一定的角度,旋转后应在图幅的左上角或右上角标识出指北方向。否北开发区按逆时针方向旋转 14.5°,旋转后使井排水平,方便单砂层砂体连通对比剖面的绘制以及按井排查找单井。

(三)单砂层连通对比剖面井点确定

确定在同一剖面上描述油层参数及连通关系的井号,应使用有资料的全部井点。对不规则井点按就近原则串联到平行的剖面中。照顾各排井数分布相对均匀,利于参数填写。

(四)油层细分对比与绘图单元(纵向上细分沉积单元)

以单砂层为基本对比和绘图单元。单砂层的划分各开发区块要统一确定、统一编号。

(五)单井单砂层微相或相对均质单元确定(平面上细分沉积微相)

泛滥平原相、分流平原相进一步划分为河道砂、废弃河道砂、薄层砂、表外储层等微相或相对均质单元。

三角洲内前缘相划分为水下分流河道砂、主体席状砂(有效厚度≥0.5m)、非主体席状砂(有效厚度<0.5m)和表外储层等微相或相对均质单元。

三角洲外前缘相划分为砂坝、前缘席状砂等微相,席状砂划分为主体席状砂、非主体席状砂和表外储层等相对均质单元。

当出现两个或两个以上小砂层时,沉积相的划分宜以其主体砂层确定。

(六)单砂层连通对比剖面基准线

选定好井排井点后,选择砂岩组顶部界线作为单砂层剖面描述的顶部层位控制基准线(手工制图成图后去掉该线,计算机出图时隐含该线)。该基准线代表沉积单元或单砂层顶部地层对比界限。

(七)绘制单砂层砂体连通对比剖面

将各井点某一沉积单元(单砂层)的砂岩厚度及其与顶部对比界线的距离(高度)按一定比例缩绘到各井点下方,并按一定顺序分别标出储层参数:有效渗透率(单位 mD)、水淹级别、射孔井段、砂岩厚度(单位 m)、有效厚度(单位 m)等,无此项参数该处可为空白。

按照各井层显示的沉积微相类型和相互间的连通关系(层位对应关系)绘制成沉积单元连通对比剖面。

(八)单砂层沉积相带图绘制流程

描绘沉积微相分布,应以各种沉积模式和沉积学理论为指导,对砂体的井间连续性、几何形态、井间边界位置以及厚度分布形式和储层物性变化,按一定的沉积模式进行组合,预测性描绘各种沉积微相或相对均质单元的平面分布状况。

1. 河流相

根据大庆油田葡Ⅰ1－4油层区域沉积相研究成果，针对杏北地区的葡Ⅰ1－3河流相储层，在编图过程中主要应用了高弯曲型（葡Ⅰ3）、低弯曲型（葡Ⅰ2）、顺直型（葡Ⅰ1）三种分流河道砂体的精细地质模型。

（1）详细分析密井网条件下每条河道砂体可能的成因类型及其沉积规律演变趋势。

（2）按照不同河型的曲率变化及河道砂体发育规模，合理地处理河道砂体边界走向，保持河道砂体宽度、弯度及凹凸两岸的协调，对河道砂体分布的边界位置、井间连续性及各项地质参数进行合理预测。

2. 三角洲前缘相

各类砂体在沉积成因上是互有联系的，在平面上是一个连续分布的统一体。三角洲前缘相沉积储层分布复杂，不同井点岩相存在可能渐变、快速渐变、可能突变的复杂的岩相接触关系，重点是要抓住骨架砂体的轮廓形态，才能对砂体进行合理的平面组合。骨架砂体在内前缘相中主要是水下分流河道，在外前缘相中主要是主体席状砂。

五、储层平面等值图

（一）构造图

构造图是指能代表构造形态的岩层顶面（或底面）等高线的平面投影图。它能反映构造的形态、大小及起伏等，是石油勘探和开发工作的基本图件之一。

（1）采用线性内插法绘图。

（2）地表地形起伏变化的区域，海拔高程校正按公式 $H_{校} = H_{测} - H_{补心海拔}$ 计算。

（3）斜井海拔高程校正按公式 $H_{深} = \sum L(i) \times \cos\alpha(i)$。

（4）采用不同的等值线间距编制图幅，间距一般为1～5m。若有区块间拼接图幅的需要，应同等值距编制图幅。

（5）砂岩尖灭区或剥蚀区之内，不勾绘等值线。

（6）应标注海拔高度数据和局部海拔高点或低点。海拔高度数据标注在图幅的上下左右，字体大小与井号一致。倾角较大地区，每10m标注一个等高线数据。

（7）将同一沉积单元（单砂层）的沉积微相分布图叠合于其微型构造底图上。

（二）参数等值图

参数等值图是表示油层各种参数在平面上变化的图件，是油田开发动态分析和调整挖潜的重要图幅。参数包括有效厚度、渗透率、饱和度、孔隙度等（图3－18）。

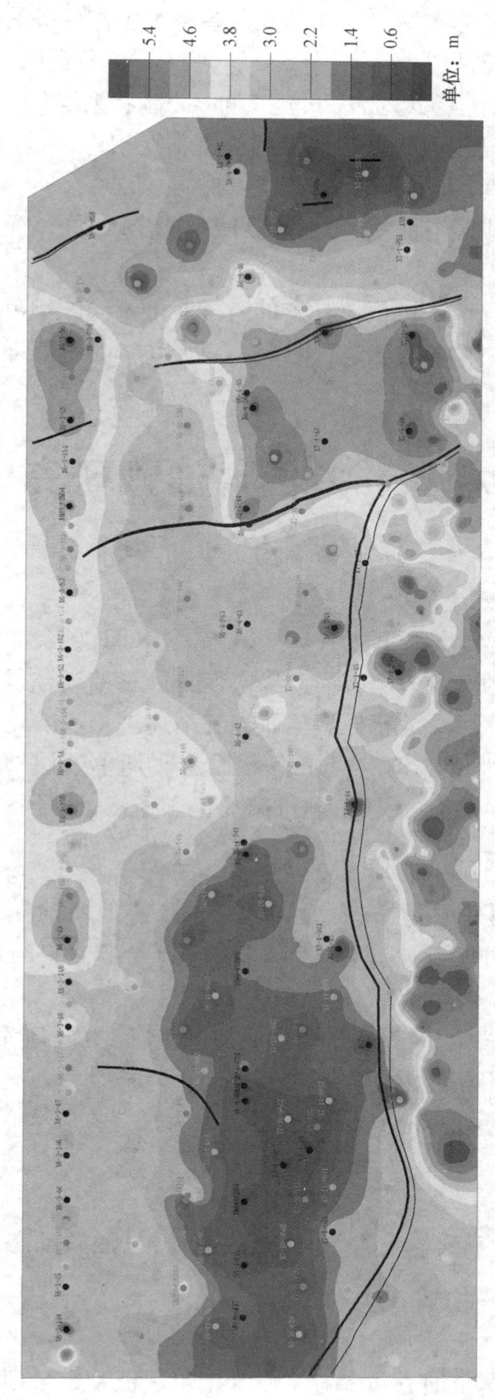

图3-18　杏七区东部Ⅰ块葡Ⅰ3_3^2厚度等值图

(1)应根据沉积微相分布图上砂体的变化趋势及工作任务的需要确定等值距。

(2)三角网系统编绘。

① 数据检校后,将井点编绘成若干个三角形的网状系统。

② 编绘三角形时,位于较大断层两盘的井点不能相连。

(3)三角形各边之间,采用内插法求取各自的数值点。

(4)将等值的点连成圆滑曲线,等值线之间不能出现重叠、交切的现象。

(5)检校线条。

(6)不同的区域及等值线可根据具体的需求充填不同的颜色。

(7)无断层时,参数等值线连续、闭合;有断层时,在等值线图上应表示断层线,参数等值线被断层线错开。

第六节　多学科油藏研究

一、概述

大庆长垣油田经过45年的开发,已进入特高含水期,剩余油分布高度分散,调整挖潜难度很大,传统的经验方法有很大局限性,难以适应新形势的需要。为改善油田开发效果和提高采收率,需要把储层研究和描述进一步细化和量化,实现以量化为基础的方案优化,以保证挖潜措施有效地落实到单砂层,做到"精雕细刻"。为此,大庆油田在2000年启动了多学科油藏研究工作。

(一)多学科油藏研究的含义

(1)将精细地质、测井解释、开发地震、岩石物理、地质建模、生产测井、试井、油藏模拟、经济评价和方案设计等多学科、多专业结合起来进行综合研究,其核心内容是油藏精细描述及剩余油分布的研究。

(2)利用该技术手段可以使油藏描述更加准确,能更好地实现剩余油精细挖潜,能以最少的成本费用获取更高的采收率。

(二)多学科油藏研究的特点

1. 集成化

集成测井、沉积相、三维地质建模、油藏数值模拟、油藏动态监测等技术手段,实现对油藏多维、全面整体的认识。

2. 定量化

体现了地质模型、剩余油分布和方案设计定量表征和定量预测。

3. 可视化

对已经数字化的油藏三维数据体,通过计算显示技术,很容易把各种油藏属性以不同色调显示出来,通过增强油藏研究人员的视觉感,加深对油藏的认识。

4. 个性化

不同区块、不同层位由于地质条件和开发井网等因素,剩余油分布可能存在较大差别,尤其是进入特高含水阶段后,剩余油分布更加零散,差别进一步变大。因此,要针对性地设计相应的开发调整方案,考虑特殊性,实现个性化设计。

(三)地质建模基础知识

1. 什么是三维地质建模

三维地质建模是在地层精细对比、地震解释、测井解释和地质综合研究的基础上,利用计算机技术,采用数学统计方法,将地质特征在三维空间的变化和分布规律如实加以描述,反映出油藏宏观地质特征在三维分布的可视化模型。

2. 为什么要进行地质建模

在油气田已进入开发的中后期,含水率升高,开发难度增大,以往的常规动态分析手段已经不能满足对油田开发信息迅速准确分析的需要,这就需要一种更快速、更直观、信息处理更加迅速的手段来进行油藏描述、油藏数值模拟、油藏评价等工作,以便更加深入研究,弄清油藏及剩余油的分布规律,为油田深入挖潜提供地质依据。

3. 三维相控地质模型建立技术

油藏三维地质建模中建立储层属性模型是最终目标,而构造模型是其框架结构,沉积相模型是其约束条件。储层属性建模是从三维的角度对储层进行定量研究并建立其三维模型。

1)构造模型建立

构造模型是三维地质建模工作的一个非常重要的环节,构造建模的目的不仅仅在于精细地描述地层和断层的空间发育特征,而且也为储层建模提供准确的静态参数场。三维构造模型是用于定量表征构造和分层的特征,通过网格化顶面及地层厚度数据体来体现。垂向上采用地层分层数据,在三维空间通过模拟小层顶底面几何形态,建立三维地层格架,从而建立三维构造模型。

2)沉积微相模型建立

以构造模型提供的地层格架为基础,利用井点测井曲线的相类型为依据,通过差值方法模拟出每一个网格的相值,从而建立三维沉积微相模型。这种模型较好地揭示出河流三角洲沉积相的空间分布和变化规律,充分说明了三维建模在揭示砂体空间非均质性方面的巨大优势，对于指导目前油田高含水后期储层精细描述和潜力分析研究有实际意义。

3）相控孔、渗、饱属性模型的建立

相控孔、渗、饱属性模型以三维数据体的形式反映储层内孔隙度、渗透率、含水饱和度等属性参数场的空间分布特征。在建模过程中通常是利用已知井点的测井资料进行井间内插。在属性插值过程中，如果利用沉积相来约束属性插值，那么插值不再只是一个机械的数值计算过程。在进行井间内插时，与插值点处于同一微相带内的井点进行插值，而非同一微相带内的井点不能进行插值，这种方法体现了同一微相内储层特征的相似性，得到的结果更符合地下的沉积环境。

（四）数值模拟基础知识

油藏数值模拟就是应用数学模型把实际的油藏动态开发重现一遍，即借助大型计算机根据渗流力学方程，对地层压力、饱和度进行数学求解，结合油藏地质学、油藏工程学重现油田开发的实际过程，用来解决油田实际问题。

1. 数学模型

数学模型就是通过一组方程组在一定条件下描述油藏真实的物理过程。它不仅考虑到了物质平衡方程，还考虑了油藏构造形态、断层位置、油砂体孔隙度、渗透率、饱和度的变化，流体 PVT 性质的变化，不同岩石类型、不同渗透率曲线特征，井间垂直流动等。这组方程由三个方程组成：运动方程、状态方程、连续性方程。

2. 什么时候做模拟

在编制油田开发方案，研究油田开发机理，或者当用一般的常规方法解决不了油田管理中存在的问题的时候，开始做模拟。

3. 怎样做模拟

明确油藏工程问题：在模拟工作开始时，根据油田开发问题的提出，进一步具体明确油藏模拟的目的和要求。

选择油藏模拟器：根据对油藏渗流机理的正确分析，考虑储层岩石性质、油藏流体性质（气、凝析气、挥发油、黑油或稠油）、开采条件、注入流体（水、气、化学剂）等选择不同模拟器。

模拟策略：是指既要解决提出的油藏工程问题，又要实现具体问题模型化处理，大体可分为全油田整体模拟、全油田整体考虑分块模拟、面向全油田的典型区块模拟。采取哪种策略，应根据油藏大小、井数、计算机容量及速度、资料准确度等因素，具体问题具体对待，做到又准又快。

4. 油藏数值模拟软件简介

目前大庆油田装备的油藏数值模拟软件如下。

1）水驱油藏模拟器

（1）兰德马克公司水驱油藏模拟器（VIP98）（工作站版、并行模拟、微机版）；

（2）斯伦贝谢公司水驱油藏模拟器（ECLIPSE—E100）（微机版、并行模拟）；

（3）美国SSI公司水驱油藏模拟器（WorkBennch）（工作站版、微机版）；

（4）美国YERITAS公司的油藏模拟器（Sure）（工作站版）；

（5）大庆油田勘探开发研究院研制的水驱油藏模拟器（DQHY）（工作站版）；

（6）大庆油田勘探开发研究院研制的水驱并行油藏模拟器（PBRS）（微机机群）。

2）聚合物驱油藏模拟器

（1）兰德马克公司聚合物驱油藏模拟器（VIP—POLYMER）（工作站版、微机版）；

（2）施伦贝谢公司聚合物驱油藏模拟器（ECLIPSE）（微机版、并行模拟）；

（3）大庆油田勘探开发研究院开发的化学驱油藏模拟器（POLYGEL）（微机版）；

（4）北京伟达公司开发的化学驱油藏模拟器（FACS）（工作站版）。

5. 历史拟合

为了取得与油藏动态曲线一致的一组油藏参数，可以把模拟计算的动态与实际动态进行比较，以获得合理的地质模型，这种方法叫作历史拟合。

历史拟合是个复杂的、消耗人力和机时的工作，如不遵循一定步骤，可能陷入难以解脱的矛盾中。一般认为，首先拟合全区储量（包括各储层），然后拟合全区和单井压力，拟合全区和单井含水率，拟合全区累计采油量。但同时拟合上述参数是没有希望的，必须将历史拟合过程分解为相对比较容易处理的步骤。历史拟合采取以下七个步骤：

（1）确定模型参数的可调范围；

（2）对模型参数全面检查；

（3）全区储量拟合（分储层）；

（4）全区和单井压力拟合；

（5）全区和单井含水率拟合；

（6）全区累计采油量拟合（不同井网）；

（7）单井生产指数拟合。

二、技术流程

（一）多学科油藏研究的技术流程

（1）数据的采集、分析与整理。

地质模型所需静态参数（井口坐标、井斜校正数据、顶部深度、分层数据、小层数据、砂层厚度、顶底面深度、有效厚度、孔隙度、渗透率、饱和度、测井解释结果）、油藏流体（组分）参数、岩石流体参数、油藏初始条件、生产动态参数。

（2）描述储层、绘制沉积相带图。

（3）建立三维地质模型（构造模型、储层及其属性模型）。

① 建立储层构造模型，在地层格架模型的基础上，描述储层几何形态以及三维空间分布。

② 建立属性模型，描述储层属性参数在三维空间上的变化和分布规律，由观测点（井点）统计储层物性的空间分布特征，用已知的井点参数内插井间储层的各种属性参数。

③ 模型风险分析及优选。

（4）建立数值模拟数学模型。

油藏数学模型一般包括如下内容：

① 输入输出控制；

② 网格定义、油藏顶面深度、地层厚度、有效厚度、孔隙度、渗透率、水体定义；

③ 流体组分定义：黑油模型——油水气的 PVT 特性、密度、黏度、压缩系数；

④ 岩石流体特性：油水相渗曲线、油气相渗曲线、岩石压缩系数；

⑤ 初始条件：饱和度分布、压力分布、溶解气、泡点压力等；

⑥ 生产动态：生产井、注入井的动态，历史拟合和方案预测。

（5）历史拟合与预测。

① 压力拟合：拟合全区静压及单井流压；

② 产液量拟合：拟合全区产液量及单井产液量；

③ 含水量拟合：拟合全区含水率及单井含水率；

④ 产油量拟合：拟合全区产油量、单井日产油量及累计产油量。

（6）方案的优选与决策。

① 布井方案（井网、井距的论证，层系组合论证，布井结果预测）；

② 驱油方案（注入参数的优选、注入段塞设计和开发指标预测）；

③ 综合治理方案（剩余油的分布研究、注采系统调整优化、压裂补孔等措施的优化、注水井调整优化、治理后指标预测）。

（二）三维地质建模的流程

三维地质建模数据流程及技术流程见图 3－19 和图 3－20。

1. 数据的加载

加载的数据包括：wellhead（井头）、welltop（层面深度）、welllog（井轨迹）、fault point（断层）、dev（井斜）、相带图散点文件。

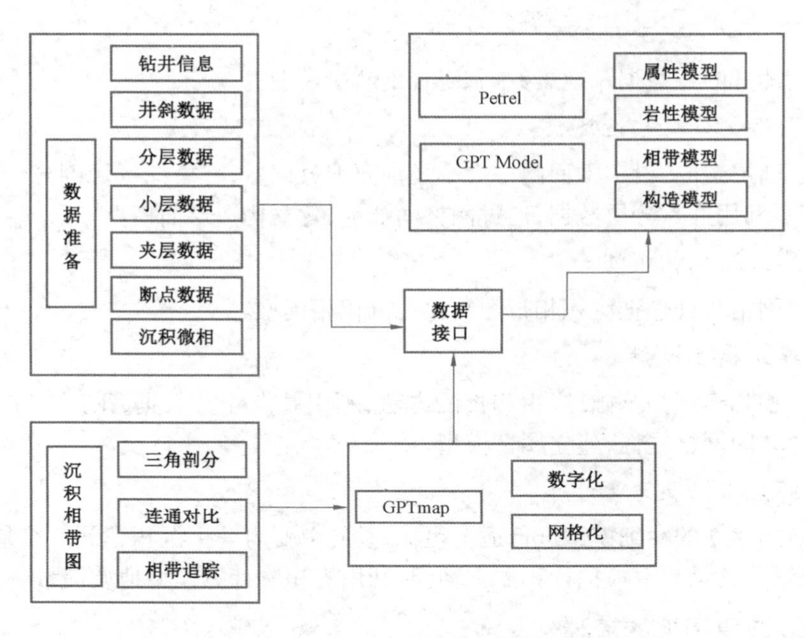

图 3－19　三维地质建模数据流程图

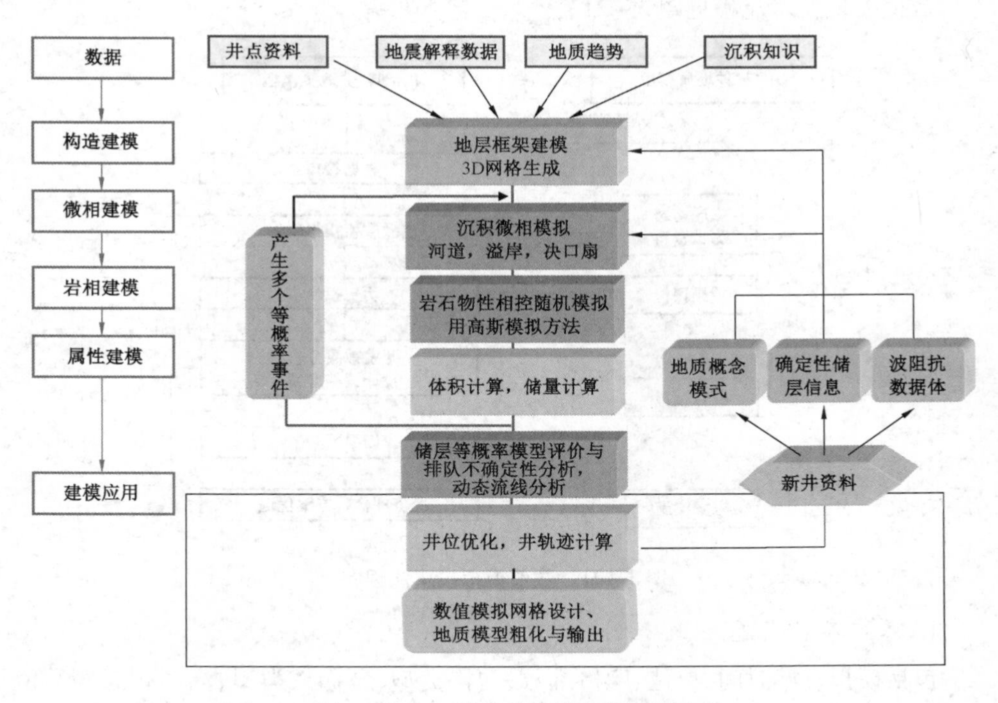

图 3－20　三维地质建模技术流程图

2. 建立断层模型

应用测井断点数据及地震数据,组合出断层模型。

3. 网格剖分及构造建模

结合断层走向,设定平面网格大小及垂向细分层数,将模拟区域剖分为若干网格,进一步利用井点分层数据,通过网格间插值,建立构造层面模型。

4. 建立沉积相模型

通过网格化处理把沉积相带图转化成沉积相模型。

5. 建立属性模型

以沉积相模型为基础,应用相控的方法,利用井点测井数据,采用确定或随机算法生成井间网格属性,建立属性模型。

6. 模型粗化及储量计算

将前期建立的精细模型进行适度粗化,垂向上变为一个沉积单元一个层,以便减少网格数,满足数值模拟计算需求,同时利用容积法计算模型地质储量。

(三)数值模拟的流程

数值模拟技术流程见图3-21。

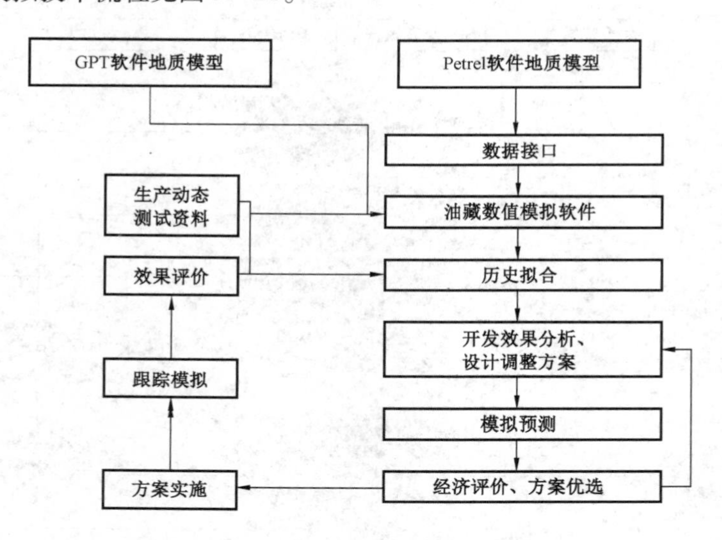

图3-21　数值模拟技术流程图

1. 基本参数设置

包括模拟开始时间、单位、网格维数、网格类型、坐标系类型、流体相态等数值模型基本参数。

2. 地质模型导入

将模型输出的网格几何形态数据及属性分布数据导入数值模拟软件。

3. 高压物性设置

为模型提供流体高压物性数据,如油气水三相 PVT 数据、岩石压缩系数、相渗曲线等。

4. 分区设置

根据具体需要将模型按照储量、平衡区、流体饱和度等条件进行分区,以便分别进行参数赋值及输出。

5. 模型初始化

给定模型压力计算基准面深度、对应压力、油水界面深度及毛细管力、油气界面深度及毛细管力以及不同深度泡点压力等初始条件,通过计算获得初始状态下每个网格的压力及饱和度。

6. 历史拟合

导入动态数据,算通数据流并根据计算结果进行历史拟合。通过调整模型高压物性、相渗曲线、孔渗饱参数、井指数等动静态参数,实现数值模型产液量、产油量、含水量等动态指标与现场实际录取值一致。

三、主要成果及应用

(一)多学科油藏研究的主要成果

1. 数据类成果

以单个网格形式输出不同时间孔渗饱等属性数据,可按井组、小层、沉积相统计。

以单井单层方式输出产油量、产水量、含水量、注水量、压力等生产剖面数据(表 3 - 15),可输出日数据和累计数据。

2. 二维曲线类成果

以小层、井组、区块等方式输出产液量、产油量、含水量、注水量、压力、采出程度、剩余储量等生产指标变化曲线。

3. 三维图幅类成果

输出所有属性参数的三维空间平面图、剖面图、栅状图,例如,含油饱和度平面图(3 - 22)、含油丰度平面图(图 3 - 23)、断层边部三维构造图(图 3 - 24)。

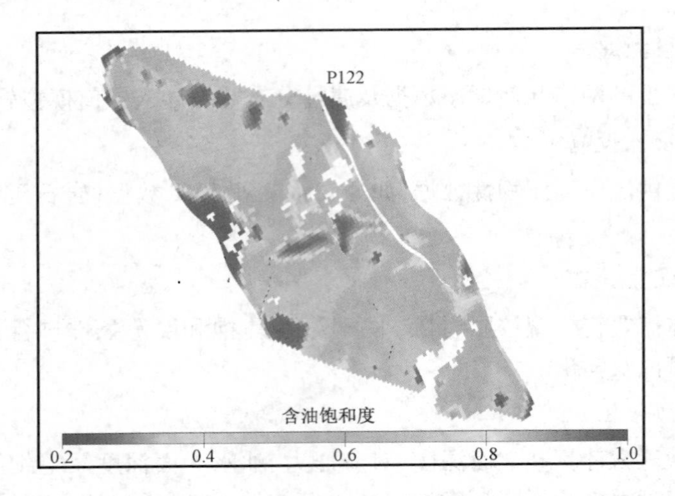

图 3－22　含油饱和度平面图

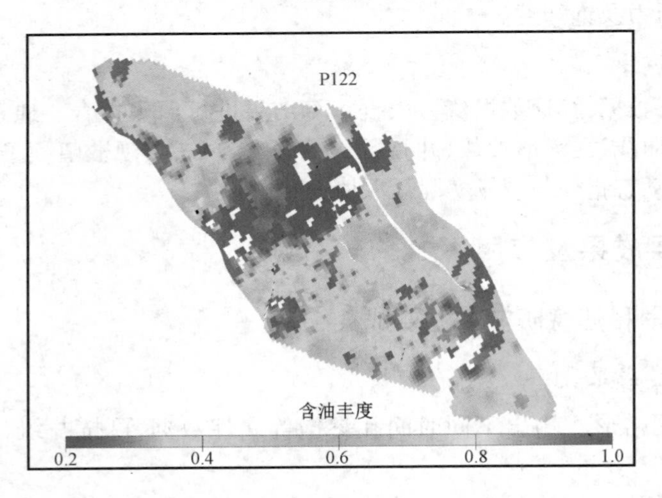

图 3－23　含油丰度平面图

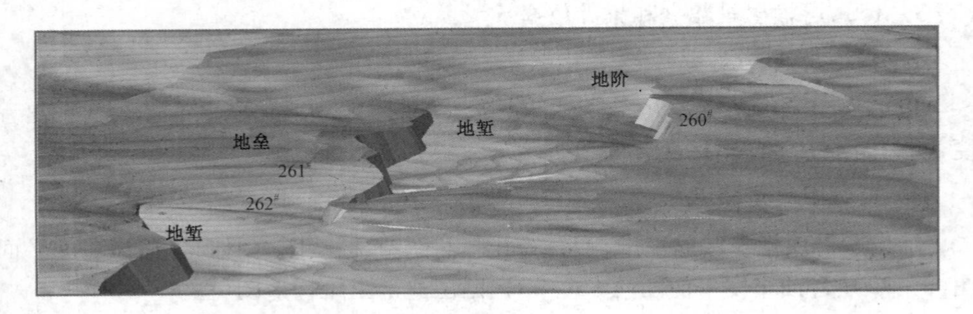

图 3－24　断层边部三维构造图

表 3－15　非主力油层不同砂体类型剩余油潜力统计表

砂体类型	地质储量（10^4t）	采出程度（%）	综合含水（%）	采油速度（%）	剩余储量（10^4t）	剩余比例（%）
水下分流河道砂	3911.18	43.65	93.50	0.62	2203.79	11.01
主体薄层砂	14678.20	45.92	94.11	0.61	7937.93	39.66
非主体薄层砂	9196.63	42.61	93.43	0.64	5277.99	26.37
表外	7575.10	39.34	91.28	0.66	4594.69	22.96
合计	35361.11	43.40	93.14	0.63	20014.39	100.00

（二）多学科油藏研究的应用

（1）运用数值模拟方法对油田开发中一些重大问题开展理论研究，进行分析和评价，并提出理论依据。

（2）根据油田地质情况及开发原则制订并执行最佳设计方案，包括油田布局中合理的井网，井距，加密井的综合调整作用，油水井最佳的工作制度等。

（3）分析油水运移规律。根据数值模拟计算结果三维可视化显示，可以清晰地看到地层中油水随时间而发生的变化。

（4）确定剩余油富集部位，结合目前的含油饱和度图和剩余储量丰度图，可以细化量化剩余油分布，综合判断潜力，流程见图 3－25。

（5）预测开发调整方案效果（表 3－16）。根据不同方案的数值模拟结果优选最佳调整方案。

表 3－16　采油井补孔增产效果预测表

项目		1 年	2 年	3 年	4 年	5 年	6 年	7 年	8 年	9 年	10 年	合计
油水同层	增液量（10^4t）	2.9	2.9	2.9	2.9	2.8	2.7	2.8	2.7	2.7	2.8	28.1
	增油量（10^4t）	1.1	0.9	0.7	0.5	0.5	0.4	0.4	0.3	0.3	0.3	5.4
纯油层	增液量（10^4t）	5	4.9	5.1	5	5.2	5.1	5.2	5.2	5.2	5.3	51.2
	增油量（10^4t）	0.8	0.8	0.7	0.6	0.6	0.5	0.5	0.5	0.4	0.4	5.8
小计	增液量（10^4t）	7.9	7.8	8	7.9	8	7.8	8	7.9	7.9	8.1	79.3
	增油量（10^4t）	1.9	1.7	1.3	1.2	1.1	0.9	0.9	0.8	0.7	0.7	11.2

（6）指导井位设计（图 3－26、图 3－27）。以精描结果为依据，寻找剩余油富集潜力区，优化高效井井位设计。

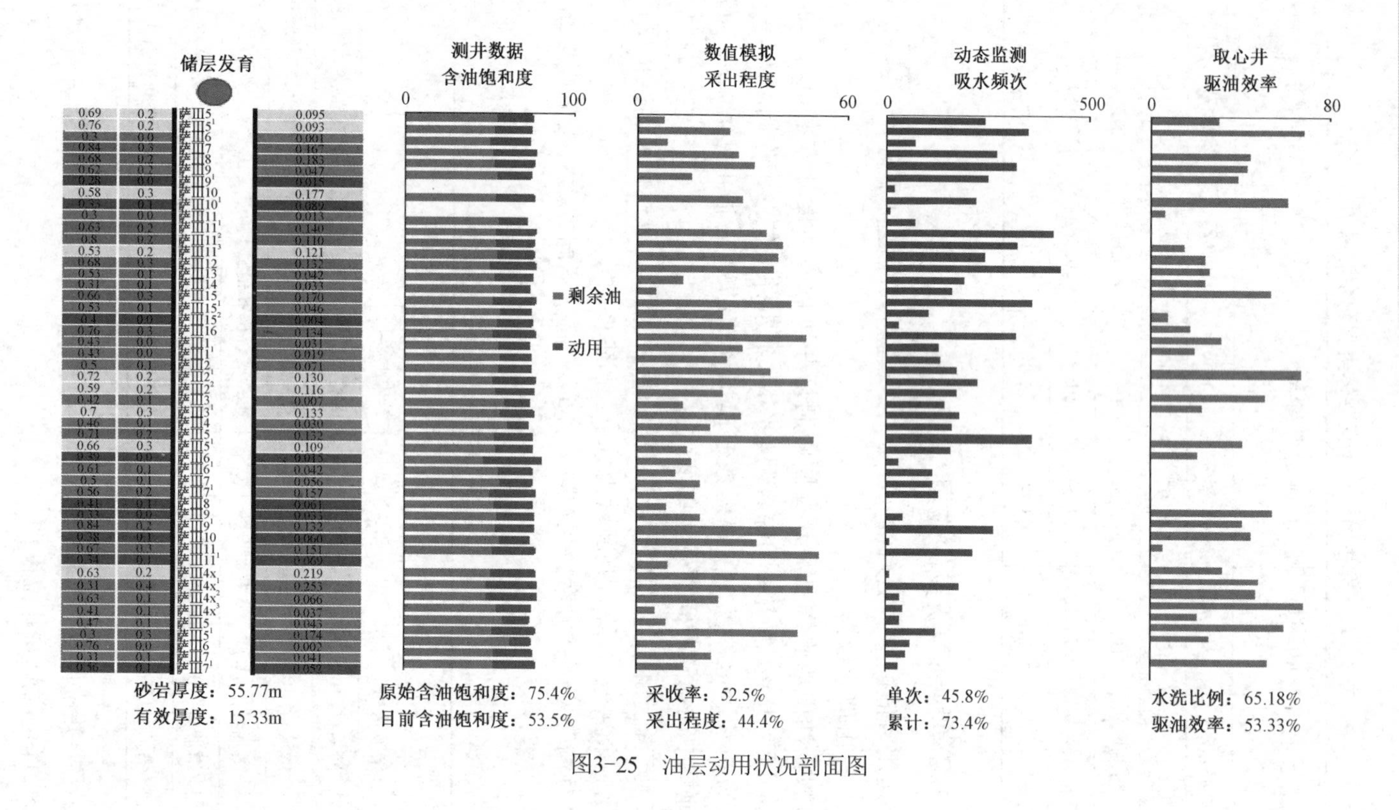

图3-25　油层动用状况剖面图

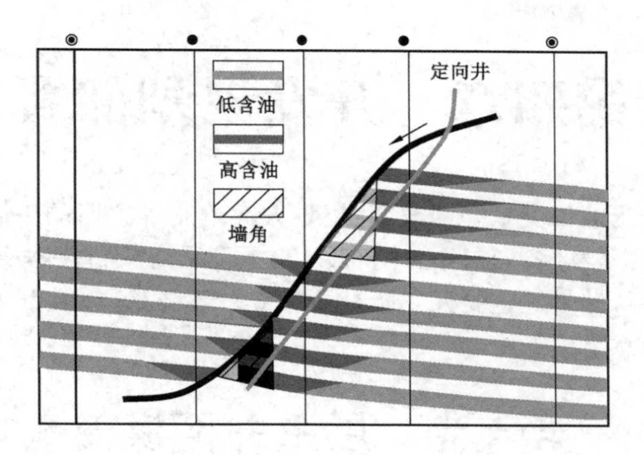

图 3－26 大位移定向井设计思路

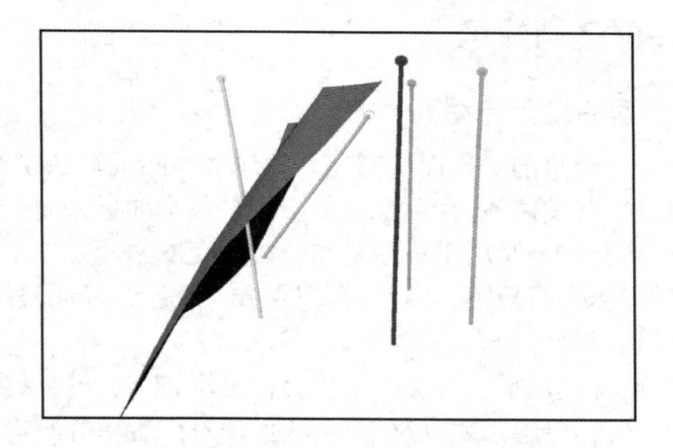

图 3－27 杏 5－4－斜丙 41 井井眼轨迹示意图

第四章　开发规划部署

本章主要介绍油田层系井网演变、规划方案编制等方面的基础知识。采油队地质技术员应掌握辖区各套层系井网布井方式、开采对象和整体演变历程;应了解产量递减、含水量、储量等主要开发指标意义和计算方法,以及开发规划方案编制的技术流程和注意事项。

第一节　层系井网演变

一、层系井网基础知识

(一)开发层系的划分与组合

开发层系指开发调整的对象以一套完整的注采井网进行独立开采的系统。非均质多油层油田进行开发调整,其调整对象不能是单个油层,而是多个油层。进行调整时,是将它们组合在一套层系里还是划分成两套或两套以上层系开采,关系到调整效果、调整后稳产时间长短。因此,合理划分与组合开发调整层系是搞好油田开发调整的重要组成部分。

调整层系划分太粗,调整以后层间干扰会很突出,不利于层系内各油层作用的发挥,调整效果不好;调整层系划分过细,不能保证投产后单井具有一定产能,而且造成投资费用大量增加,达不到提高经济效益的作用。调整层系的划分与组合要根据调整对象的具体情况来确定,一般情况下应遵照以下原则:

(1)调整层系与原层系、调整层系相互之间均有较为稳定的隔层,使各层系之间油、气、水互相不窜通,以保证各层系独立开采。

(2)调整层系必须具有一定的储量,保证采油井有一定生产能力,能够达到行业要求的经济评价标准。

(3)在划分开发层系时,尽量把相同或相似沉积类型油层组合在一起,减少层间干扰,有利于提高调整效果。

(4)要区别主要调整对象和局部调整对象,区别组成一个调整层系的基本对象和辅助对象,在确定井网及注水方式时需慎重考虑。

(5)同一个调整层系内的压力系统,原油性质应大体一致。

具体组合与划分调整层系时,要以砂体形态特征及其对井网的适应性为依据,并要考虑油层渗透率级差的影响和油层润湿性的影响。

(二)开发井网概述

1. 切割注水(行列注水)

在油田内部进行切割注水,可以分为环状切割注水和直线切割注水(或称行列切割注水)。在这种情况下,利用注水井排将油藏切割成较小单元,每一块面积(叫作一个切割区)可以看成是一个独立的开发单元,分区进行开发和调整(图4-1)。

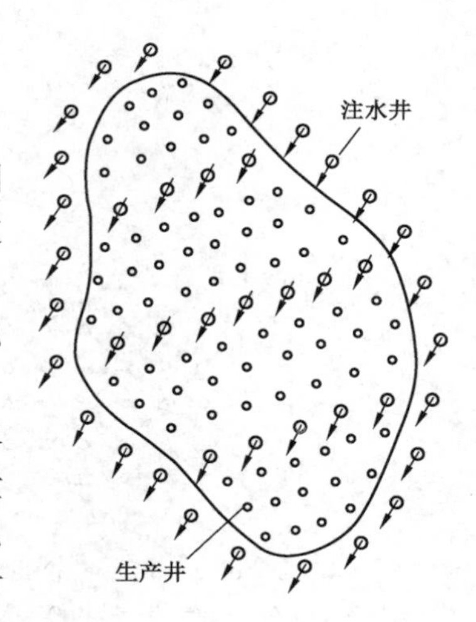

图4-1 切割注水示意图

大庆油田由于面积大,采用边内切割早期注水的方式开采。其中一些好的油层由于储量大、储量性质好,用较大的切割距和大的排距时,仍然可以控制住90%以上的地质储量,开发实践也说明,对这类油层采用边内切割大排距生产,开发效果是好的。

切割注水开发特点如下:

(1)注水井和生产井成排地分布,在一排注水井的两侧或两排注水井之间,可以布置数排生产井,一般为三排或五排。为此,切割注水的井网包括切割距、生产井网数、排距和井距等布井因素。

(2)为实现切割注水的开发方案,要在注水井排上形成水线。因此,注水井排要经过排液、拉水线和全面注水等实施阶段。此外,实施切割注水方式,还需研究逐排生产井的开、关合理界限与注水线的转移问题。

(3)切割注水方式可采用逐排投产的方法,通过排距与井距的合理布置及井排的投产次序,可以调节注入水的推进。在理想情况下,认为每排生产井水淹之前,所不能采出的排间可流动储量仍可逐次向中央井排流动。

(4)切割注水方式的采油速度,在一定工作制度的条件下,主要取决于切割距、井排数、排距、注水井及生产井井距。合理地安排切割距、井排距以及切割区和各排井的投产次序,能够比较灵活地调节采油速度与稳产时间的关系,实现较长时间的高产稳产。

2. 面积注水

面积注水是将注水井按一定几何形状和一定密度均匀地布置在整个开发区内(图4-2)。根据采油井和注水井相互位置及构成的井网形状不同,面积注水可分为四点法面积注水、五点法面积注水、七点法面积注水、九点法面积注水和正对式与交错式排状注水等。布井术语中所说的“反”井网,就是每个网格只有一口注水井,这就是“正”与“反”的区别。

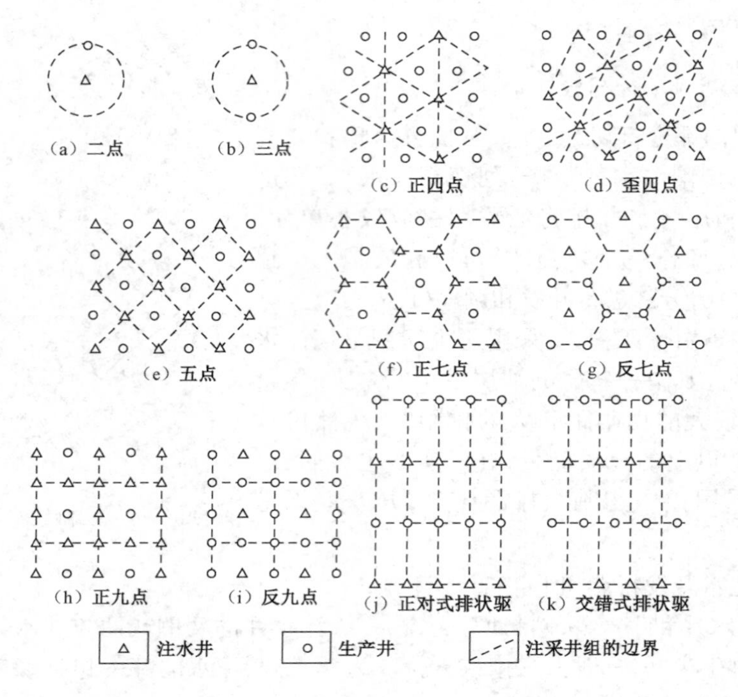

图4-2 面积注水井网示意图

正四点法面积注水井网是由一口注水井和周围六口生产井构成的。每口注水井影响六口生产井,而每口生产井受三口注水井影响。井网的注水井与生产井比例为1∶2。而正七点法在油水井布井方式及比例上正好与正四点法相反(表4-1)。

表4-1 不同面积井网的井网参数

井网	采油井与注水井的井数比	钻成的井网要求
正四点	2∶1	等边三角形
歪四点	2∶1	正方形
五点	1∶1	正方形
正七点	1∶2	等边三角形
反七点(一口注水井)	2∶1	等边三角形
正九点	1∶3	正方形
反九点(一口注水井)	3∶1	正方形
正对式排状驱	1∶1	长方形
交错式排状驱	1∶1	注采井交错

反九点法面积注水井网是由一口注水井与周围八口生产井构成的正方形井网。每口注水井影响八口生产井。作为角井的生产井受四口注水井影响,作为边井的生产井受两口注水井影响。这种井网的注水井与生产井比例为1∶3。而正九点法在油水井布井方式及比例上与反九点法相反。

面积注水开发特点如下:

(1)实施步骤比较简单。对早期进行面积注水的油田,注水井经过适当排液即可转入全面注水和全面开采。

(2)生产井均处于注水受效第一线上,直接受注水井影响。为了均衡开发,各类井必须一次投注或投产。

(3)面积注水方式的采油速度,在一定工作制度的条件下,主要取决于布井系统和井距。以面积注水方式投入开发的油区,一般采油速度高,但稳产时间较短。

二、杏北开发区层系井网演变历程

根据断层分布、油层发育、基础井网部署方式等特征,杏北开发区可划分为杏一~三区行列、杏一注一采、杏四~六区行列、杏四~六区面积、杏七区、东部过渡带及西部过渡带七大区块。以基础井网注水井排为分割线,杏三区三排以北为杏一~三区行列部分,其中,东部的一区三排以南由于行列井网不适应开采的需要,更改为不规则面积注水井网,因此该区块变为杏一注一采区块;杏三区三排以南为杏四~七区行列,其中,根据断层特点及油层生产能力差异,确定东部为杏四~六行列区块,采用行列注水井网,西部为杏四~六面积区块,采用面积注水井网,杏七区原行列注水井网改为四点法不规则面积注水井网;杏北开发区东、西两翼油层层数减少,厚度变薄,以葡Ⅰ组内油水边界线为分割,纯油区东、西两侧分别为东部过渡带和西部过渡带。杏北开发区七大区块现有基础井网、一次加密调整井网、二次加密调整井网、三次加密调整井网和三次采油井网五套开发井网(表4-2)。

表4-2 杏北纯油区层系井网部署情况

井网名称	射开对象	主要开采对象	层系组合	井网方式	注采井距(m)
基础井网	钻遇的萨、葡、高油层	一类油层和有效厚度≥2.0m的厚层	萨、葡、高(一套层系)	行列井网;正四点法面积井网;不规则面积井网	400~600
一次加密	三类油层中有效厚度<2.0m的表内层及表外储层	三类油层中有效厚度为0.5~2.0m的厚层	萨Ⅱ、萨Ⅲ、萨Ⅱ+萨Ⅲ、萨Ⅲ及以下、葡Ⅰ42及以下、萨+葡(差)(六套层系)	反九点法面积井网;五点法面积井网;正四点法面积井网	200~400

续表

井网名称	射开对象	主要开采对象	层系组合	井网方式	注采井距（m）
二次加密	三类油层中表内薄层+表外储层	三类油层中表内薄层+表外储层	萨+葡（差）（一套层系）	反九点法面积井网;五点法面积井网;正四点法面积井网	145~300
三次加密	三类油层中表外储层+表内薄层	三类油层中表外储层+表内薄层	萨+葡（差）（一套层系）	五点法面积井网	125~250
一类油层三次采油	一类油层	一类油层	葡Ⅰ1~3	五点法面积井网	125~200

（一）基础井网部署情况

1966年初，在未完成详探的情况下，决定提前开发杏树岗油田，编制了杏北开发区基础井网开发方案。基础井网采用行列井网和面积井网两种布井方式，一套层系合注合采，油水井将钻遇的萨、葡、高油层全部射开开采。其主要开采的对象是主力油层（葡Ⅰ1~3）和非主力油层中有效厚度≥2.0m的表内厚层（表4-3）。

表4-3　杏北纯油区基础井网部署状况

区块	布井方式	排距（m）×井距（m）	投入开发时间
杏一~三区西部	行列井网	3-500×300（500,300）	1966年11月
杏一注一采	不规则面积井网	500×300	1966年11月
杏四~六区行列	行列井网	3-600×400（400,300）	1968年1月
杏四~六区面积	正四点法面积井网	450×450	1969年10月
杏七区	歪四点法面积井网	600×400	1968年12月
东部过渡带	正四点法面积井网	400×350,500×500	1970年10月
西部过渡带	正四点法面积井网	500×500	1978年8月

杏一~三区西部基础井网为切割距1.6km、3-500m×300m（500m,300m）的行列井网，1966年投产，为了改善非主力油层的出油状况，区块于1974年补充编制了中间井排非主力油层加密注水方案，即在中间井排采油井间增布非主力油层注水井，使油水井距缩小到250~300m。

杏一~三区东部初期设计采用行列布井，其南部的一注一采地区因为主力油层发育变差，行列井网不适应开采的需要，1972年在原行列井网的基础上，将中间井排的采油井隔1口转注1口，共转注6口井，形成一注一采不规则面积注水井网，为完善注采系统又增布了1口注水井和8口采油井。

杏四~六区行列注水的基础井网1968年投产，为切割距2.0km、3－600m×400m(400m,300m)的行列井网。

杏四~六区面积注水区位于杏四~六区的东部，基础井网于1969年投产，因为主力油层发育变差，部署了井距为450m的正四点法面积井网。

杏七区基础井网1968年投产，原开发方案设计为行列注水方式，后经钻井证实断层发育的复杂程度和走向与编制方案时采用的地震资料变化很大，在注水井按行列井网全部完钻后，改为歪四点法面积注水方式，注采井距600m×400m。

杏北东、西过渡带地区，采用正四点法面积井网，其中东部过渡带的杏一~二区东部井距为350~400m，其他地区井距500m。

(二)一次加密调整井网部署情况

20世纪80年代初期，油田进入高含水开采期，以主力油层为主要开采对象的基础井网中非主力油层受到的干扰更加严重。占总储量60%以上的非主力油层，在同井开采条件下，由于生产压差不断降低，油层动用状况越来越差。为更好地发挥这类油层的储量潜力，保持全区的稳产，1985年开始进行一次加密调整，调整对象为非主力油层中的有效厚度<2m、渗透率<150mD油层中未见水层和未动用层，已见水层不调整(表4－4)。

表4－4 杏北纯油区一次加密井网部署状况

区块	层系	布井方式	排距(m)×井距(m)	投入开发时间
杏一~三区西部	萨Ⅱ、萨Ⅱ+Ⅲ	反九点法井网	350×250	1985年7月
	萨Ⅲ、葡Ⅰ4_2及以下	五点法井网	200×250	
	萨+葡(差)	反九点法井网		
杏一注一采	萨+葡(差)	五点法井网	300(250)×250	1985年1月
杏四~六区行列	萨Ⅱ+Ⅲ	五点法井网	250×250	1986年8月
	萨Ⅲ、葡Ⅰ4_2及以下	五点法井网	250×250	
	萨+葡(差)	斜五点法井网	200×400	
杏四~六区面积	萨Ⅱ+Ⅲ	斜四点法井网	225×225	1989年5月
	葡Ⅰ4_2及以下	正四点法井网	225×225	
	萨+葡(差)	正四点法井网	225×225	
杏七区	萨+葡(差)	五点法井网	400×300	1988年1月
杏北东部过渡带	萨+葡(差)	正四点法井网	300(250)×250	1993年10月
杏北西部过渡带	萨+葡(差)	正四点法井网	300(250)×250	1991年10月

杏一～三区西部一次加密井井网部署的层系相对较复杂，包括萨Ⅱ、萨Ⅲ及以下、萨Ⅱ＋萨Ⅲ、葡Ⅰ4_2及以下层系，并在三排注水井上部署了萨＋葡（差）层系的注水井，局部地区零星布了萨＋葡（差）层系的采油井。其中，萨Ⅱ、萨Ⅱ＋萨Ⅲ层系没有单独部署注水井点，靠中间井排的萨葡合注井及三排上的萨＋葡（差）层系的注水井点构成反九点方形网格井网，井距250m；萨Ⅲ及以下层系和葡Ⅰ4_2及以下层系是方形网格五点法井网，油水井排距×井距200m×250m。

杏一注一采地区采取萨＋葡（差）一套层系井网开采，是井距250m的正方形网格五点法井网。

杏四～六区行列区块的杏四～五区部署了萨Ⅱ＋萨Ⅲ和葡Ⅰ4_2及以下两套层系，均采用200m×200m的五点法面积井网。南部的杏六区由于三类油层发育变差，纵向难以划分成两段开采，因此为萨＋葡（差）一套层系开采，采用斜五点法井网。

杏四～六区面积区块北部一次加密井部署了萨Ⅱ＋萨Ⅲ、葡Ⅰ4_2及以下两套一次加密井网，均采用225m×225m的正四点法面积井网，两套井网呈嵌套关系。与杏六区类似，杏四～六区面积区块南部由于三类油层发育变差，纵向难以划分成两段开采，为萨＋葡（差）一套层系开采，井网形式与北部相同，采用225m×225m的正四点法面积井网。

杏七区一次加密井网为萨＋葡（差）一套层系开采，采用400m×300m的长方形网格五点法井网。

杏北东、西部过渡带采用正四点法面积井网，排距×井距300m（250）×250m。

（三）二次加密调整井网部署情况

一次加密调整后，基本解决了非主力油层动用状况差的问题，但调整井中仍有油层性质明显不同的表内厚层、表内薄层及表外储层同井开采，油层间差异大，层间干扰大。随着纯油区各区块逐渐进入高含水期，各种矛盾不断暴露并逐步加剧，尤其是差油层的动用状况更差，产油量出现了递减。为了进一步挖掘差油层的储量潜力，减缓产量递减，1992年开始二次加密调整。调整的主要对象是未动用或动用较差的薄有效层（有效厚度0.2～0.4m）和表外储层，少部分未动用的有效厚度为0.5～1.0m的表内厚层也进行了调整（表4－5）。

表4－5　杏北纯油区二次加密井网部署状况

区块	布井方式	排距（m）×井距（m）	投入开发时间
杏一～三区西部	反九点法面积井网	300（250）×250	1994年1月
杏一注一采	五点法面积井网	225×225	2000年12月
杏四～六行列	线性井网	200×200	1994年12月
杏四～六面积	正四点法面积井网	225×225	1997年2月

续表

<table>
<tr><th colspan="2">区块</th><th>布井方式</th><th>排距(m)×井距(m)</th><th>投入开发时间</th></tr>
<tr><td colspan="2">杏七区</td><td>五点法面积井网</td><td>200×300</td><td>1997年7月</td></tr>
<tr><td>东部过渡带</td><td>Ⅰ条带、Ⅱ条带内侧</td><td>斜行列井网</td><td>190×190</td><td>2002年6月</td></tr>
<tr><td rowspan="3">西部过渡带</td><td>Ⅰ条带、Ⅱ条带内侧</td><td>斜行列井网</td><td>190×190</td><td>2003年1月</td></tr>
<tr><td>Ⅱ条带外侧、Ⅲ条带</td><td>五点法面积井网</td><td>150×150</td><td rowspan="2">2010年8月</td></tr>
<tr><td>Ⅳ条带</td><td>正四点法面积井网</td><td>145×145</td></tr>
</table>

杏一~三区西部部署二次加密调整井网时，考虑了一次加密调整井萨尔图层系完善注采系统的需要，第一排间注、间采，基础井网第一排上老井之间布两口采油井，中间井排间注、间采，构成300m(250)×250m的反九点法面积井网，后期根据开发情况可逐步转为斜线状五点法注水方式。杏一注一采二次加密井网主要对葡$I4_2$及以下层系进行调整，采用200m×250m五点法注水方式。

杏四~六区行列区块、杏四~六区面积区块和杏七区二次加密井采用萨+葡(差)一套层系开采，分别部署了200m×200m线状注水井网、225m×225m的正四点法面积井网和200m×300m的五点法面积井网。

杏北东、西部过渡带Ⅰ条带及Ⅱ条带内侧二次加密调整采用190m×190m的斜行列注水井网。2010年，西部过渡带北块Ⅱ条带外侧至Ⅳ条带进行二次加密补充调整，Ⅱ条带外侧与Ⅲ条带单独部署了150m×150m的五点法面积井网，Ⅳ条带在原井网分流线上部署采油井，原井网采油井转注，共同构成145m×145m的正四点法面积井网。

(四)三次加密调整井网部署情况

二次加密调整后，低渗透薄差储层的动用状况得到了改善，但是表外储层动用程度仍然不够理想，尤其是二类表外储层动用程度较差。1999年，在杏一~三区乙块开展了三次加密调整配套技术现场试验，通过对薄差储层剩余油潜力的研究与分析，在正确认识表外储层动用条件，确定三次加密相关技术经济界限的基础上，2000年开始进行三次加密调整，调整对象为表外储层和射开部分未动用或动用较差的表内薄层(表4-6)。

表4-6 杏北纯油区三次加密井网部署状况

<table>
<tr><th>区块</th><th>小区块</th><th>布井方式</th><th>排距(m)×井距(m)</th><th>投入开发时间</th></tr>
<tr><td rowspan="3">杏一~三区行列</td><td>乙块</td><td>五点法面积井网</td><td>200×200</td><td>2000年12月</td></tr>
<tr><td>甲、丙块</td><td>五点法面积井网</td><td>250×250</td><td>2002年1月</td></tr>
<tr><td>丙北二块(杏二中)</td><td>五点法面积井网</td><td>125×125</td><td>2009年4月</td></tr>
</table>

续表

区块	小区块	布井方式	排距(m)×井距(m)	投入开发时间
杏三～四区东部	杏一注一采南块	五点法面积井网	145×145	2014年12月
	杏四～六区行列丙北块局部			
杏六区行列	东部	五点法面积井网	100×200	2007年7月
	中部			2011年12月
	西部			2012年12月
杏七区	东部Ⅰ、Ⅱ、Ⅳ块	五点法面积井网	100×200	2016—2018年
	东部Ⅲ块	五点法面积井网	100×150	2015年

杏一～三区乙块于1999—2001年开展了三次加密调整配套技术现场试验，三次加密井网部署采用200m×200m五点法面积井网。在此基础上，于2000年编制了杏一～三区西部三次加密调整方案，采用250m×250m的五点法布井方式，二、三次加密井注采井距为150～200m。杏二区中部（杏一～三区行列丙北二块）于2009年6月开始进行三次加密调整，采用125m×125m的五点法面积井网。

杏三～四区东部Ⅰ块、Ⅱ块（杏一注一采南块和杏四～六区行列丙北块局部）于2012年编制了三次加密调整油藏工程方案，采用145m×145m间注间采的五点法面积井网，Ⅰ块于2014投产，Ⅱ块于2015年投产。

杏六区行列区块2006年7月编制完成三次加密调整油藏工程方案，三次采油井网采用两三结合的方式布井，同样采用100m×200m、注采井距141m的五点法面积井网。杏六区东部于2007年开始进行三次加密调整。2010年杏六区中部钻井时，正是临近区块杏六区东部Ⅰ块三元复合驱受效关键期，为减小钻井对杏六区东部的影响，安排靠近杏六区东部的89口井缓钻，2011年12月，杏六区中部实施了三次加密调整。2012年12月，杏六区西部及中部缓钻井区开始实施三次加密调整。

杏七区东部2014年编制完成三次加密调整方案，其中Ⅰ、Ⅱ、Ⅳ块采用与杏六区行列三次加密相同的布井方式，单独部署100m×200m、注采井距141m的五点法面积井网；Ⅲ块为利用现有二次加密井补充加密形成的100m×150m、注采井距125m的五点法面积井网，计划于2015—2018年投产。

（五）一类油层三次采油井网部署情况

杏北开发区葡Ⅰ1～3油层为一类油层，经过基础井网数十年的开发，综合含水已接近95%，处于特高含水期开采阶段，一类油层有效厚度水淹比例已接近100%，继续水驱挖潜的难度越来越大，水驱开发的经济效益较差。2002年，杏北开发区开始一类油层聚合物驱工业化生产，共划分为22个三次采油区块，每年部署一个区块实施三次采油工业化生产。目前,共有15个生产区块,包括10个聚合物驱区块和5个三元复合驱区块。

1. 聚合物驱

目前,杏北开发区共有10个聚合物驱生产区块,其中,注聚合物生产阶段4个,后续水驱阶段5个(表4-7)。

表4-7 杏北地区各区块聚合物驱井网部署状况

区块	布井方式	排距(m)×井距(m)	投入开发时间	目前开发阶段
杏一~三区西部Ⅰ块	五点法面积井网	125×125	2010年9月	含水回升
杏一~三区西部Ⅱ块	五点法面积井网	125×125	2009年10月	注聚合物后期
杏一~三区西部Ⅲ块	五点法面积井网	125×125	2011年10月	含水回升
杏一~二区东部Ⅰ块	五点法面积井网	150×150	2005年10月	后续水驱
杏四区西部	五点法面积井网	200×200	2004年12月	后续水驱
杏四~五区中部	五点法面积井网	200×200	2003年9月	后续水驱
杏四~六区面积北块	五点法面积井网	100×350	2001年9月	后续水驱
杏四~六区面积南块	五点法面积井网	100×350	2001年9月	后续水驱
杏六区中部	五点法面积井网	100×200	2011年12月	见效阶段
杏六区西部	五点法面积井网	100×200	2012年12月	注聚合物初期

杏一~三区西部三次采油初期设计为三元复合驱,后期更改为聚合物驱,采用125m×125m的五点法面积井网。杏一~二区东部Ⅰ块,聚合物驱布井方式是在井排方向部署间注间采井,尽量避免与基础井网同排布井,形成150m×150m五点法面积井网。

杏四区西部与杏四~五区中部是在原一次加密井排上井间布间注间采井,形成200m×200m的五点法面积井网。

杏四~六区面积区块聚合物驱布井方式为100m×350m、注采井距200m的五点法井网。考虑到与杏四~五区中部的井网衔接,在行列井区的部分部署200m×200m的五点法井网。

杏六区中部与西部聚合物驱布井方式为100m×200m、注采井距141m的五点法面积井网,开采层系为葡Ⅰ2_2~3_3。

2. 三元复合驱

2000年,杏二区中部进行了强碱三元复合驱现场试验,采用125m×125m的五点法面积井网,取得了较好的增油降水效果,先导性试验提高采收率20%,工业性矿场试验提高采收率16%。2006年开始三元复合驱工业化推广,截至目前已有5个工业化生产区块(表4-8)。

表4-8 杏北地区各区块三元复合驱井网部署状况

区块	布井方式	排距(m)×井距(m)	投入开发时间	目前开发阶段
杏一~二区东部Ⅱ块	五点法面积井网	150×150	2006年10月	后续水驱
杏六区东部Ⅰ块	五点法面积井网	100×200	2007年8月	后续水驱
杏六区东部Ⅱ块	五点法面积井网	100×200	2008年11月	后续保护段塞
杏三~四区东部Ⅰ块	五点法面积井网	125×125	2013年7月	前置聚合物段塞
杏三~四区东部Ⅱ块	五点法面积井网	125×125	2014年7月	水驱空白

杏一~二区东部Ⅱ块为注采井距150m、间注间采的五点法面积井网;杏六区东部Ⅰ块、Ⅱ块开采葡Ⅰ3,井网形式为100m×200m、注采井距141m的五点法面积井网;杏三~四区东部井网形式为注采井距125m、间注间采的五点法面积井网。目前,杏三~四区东部Ⅰ块和Ⅱ块分别处于前置聚合物段塞和水驱空白阶段。此外,杏七区东部Ⅲ块三元复合驱油于2015年投产,采用与杏六区东部相同的布井方式,即100m×200m的五点法面积井网,注采井距141m。

第二节 开发规划基础

一、开发规划基础知识

(1)油藏:在单一圈闭中,属同一压力系统,并具有统一的油水界面的石油聚集叫油藏。

(2)油藏工程:油藏工程是一门以油田地质学和渗流力学为基础,以油藏数值模拟为手段,研究油田开发设计和工程分析方法的综合性学科。

(3)油田开发:通过开发前一系列准备工作以后,制订油田开发方针和政策,编制油田开发方案,按其要求进行钻井和地面建设,高效地开采地下油、气资源,这个工作的全过程就叫油田开发。

(4)油田开发概念设计:油藏发现后,在初步认识构造、储层、流体、驱动类型、产能等地质特点的基础上,为提高油藏评价钻探、开发及下游工程效益,对油藏地下情况、地面工程、市场状况、经济效益进行一体化设计,要求做到整个框架设想基本可靠,这种设计叫概念设计。

(5)油田开发总体规划设计:对较大油田来说,不宜一次全面投入开发,因此要在认识油田地质特征的基础上,对油田开发方式、开发程序、开发部署、投产步骤、钻井工程、地面建设等重大问题进行论证,对油田生产水平、稳产年限、开发效果、经济效益等进行预测,对油田整体开发做出五年、十年或更长的工作安排,这种设计叫总体规划设计。

(6)油田开发方案:油田开发方案是指在深入认识油田地下情况的基础上,正确制订油田开发方针与原则,科学地对油藏工程、钻井工程、采油采气工程、地面建设工程及投资等进行设计和安排。它是指导油田开发工作的重要技术文件。

(7)油田开发方针和原则:根据中国目前的经济水平和油田开发技术状况,油田开发应执行持续稳定发展的方针,坚持少投入、多产出、提高经济效益的原则。具体地说,要在落实探明储量的基础上,充分利用天然能量,采用先进的开发方式,搞好油藏工程设计,发挥采油采气工艺技术作用,提高最终采收率,以获得最佳经济效益。

(8)油田开发部署:指在全面认识油藏地质特征的基础上,对开发程序、开发方式、层系划分、井网布置、注水方式、方案实施等进行科学的确定和合理安排。这是油田开发方案的重要内容,也是搞好油田开发的基础。

(9)开发指标:指用来评价开发方案或开发效果好坏的主要项目。它包括日产油量、年产油量、采油速度、井数、日注水量、年注水量、含水率、稳产时间、开发年限、采收率以及经济分析指标等。

(10)开发指标计算:指在编制油田开发方案时,用渗流力学和数值模拟方法对各种方案中整个开发过程的产油量、油层压力、综合含水率、采油速度、稳产时间、开发年限、最终采收率等指标进行概算和预测,为不同开发方案的对比与选择提供依据。

(11)油田开发动态分析:在油田开发过程中,利用油田生产数据和各种监测方法采集到的资料来分析、研究地下油、气、水运动规律及其发展变化,检验开发方案及有关措施的实施效果,预测油田开发效果,并为调整挖潜提供依据的全部工作称为油田开发动态分析。它包括生产动态分析、井筒内举升条件分析、油层动态分析三个方面的问题。

(12)油田开发阶段:指整个油田开发过程按产量、含水率、开发特点等变化情况划分的不同开发时期。按含水变化可分为无水采油阶段、低含水采油阶段、中含水采油阶段、高含水采油阶段;按开发方法可分为一次采油阶段、二次采油阶段、三次采油阶段;按产量变化可分为产量上升阶段、高产稳产阶段、产量递减阶段、低产收尾阶段。

(13)注水开发油田的三大矛盾:非均质多油层油田注水开发时,由于油层性质存在层间、平面、层内三大差异,导致注入水在各油层、各方向不均匀推进,使油水关系复杂化,影响油田开发效果,这就是所说的注水开发油田的三大矛盾——层间矛盾、平面矛盾及层内矛盾。解决三大矛盾的关键是认识油水运动的客观规律,因势利导,采取不均匀开采、接替稳产以及不断进行调整挖潜等方法,使各类油层充分发挥作用。

(14)配水(配注):根据周围有关采油井对注水量的要求,注水井按不同层段的油层性质分配注水量,简称配水,也叫配注。一般要求高渗透率油层适当控制注水,低渗透率油层加强注水,以减缓层间矛盾,提高油田开发效果。

(15)配产:指采用分层开采的油田或区块,采油井根据合理工作制度确定的产油量,按层段的油层性质分配产油量。一般要求高渗透率层段适当控制,减小层间矛盾,以充分发挥中低渗透率油层的作用。

(16)产能到位率:指油田产能项目配套建成后,在设计的生产压差下,油田实际年产量与方案设计的年产量之比。

(17)递减率:递减率是描述产量递减速度的一个物理量,定义为单位时间产量递减的百分数。

$$D = -\frac{1}{Q}\frac{\mathrm{d}q}{\mathrm{d}t} \tag{4-1}$$

式中 D——瞬时递减率,%;

Q——递减阶段 t 时对应的产量,t;

t——递减阶段的递减时间,a;

$\frac{\mathrm{d}q}{\mathrm{d}t}$——单位时间内的产量变化率,%。

式中的负号表示随着时间的增长产量是下降的。

(18)水驱特征曲线:是指油田注水(或天然水驱)开发过程中,累计产油量、累计产水量和累计产液量之间的某种关系曲线。这些关系曲线已被广泛用于油田注水开发动态和可采储量的预测。到目前为止,有关水驱特征曲线的表达式已有50多种,经过多年来的实践应用,认为甲、乙、丙、丁型4种水驱特征曲线具有较好的使用意义。

① 甲型水驱特征曲线。

这种预测方法是1959年苏联马克西莫夫提出的,后于1978年由中国科学院院士童宪章命名。其物理意义是油田注水开发到一定阶段以后,累计产水量与累计产油量在半对数坐标中呈直线关系,主要公式为:

$$\lg W_{\mathrm{p}} = a_1 + b_1 N_{\mathrm{p}} \tag{4-2}$$

式中 W_{p}——累计产水量,10^4t;

N_{p}——累计产油量,10^4t;

a_1,b_1——模型常数。

② 乙型水驱特征曲线。

当油田开发到一定阶段以后,累计产液量与累计产油量在半对数坐标中呈直

线关系,主要公式为:

$$\lg WOR = a + bN_p \tag{4-3}$$

$$N_p = \frac{\left[\lg\left(\frac{1}{1-f_w}\right) - a - \lg(2.303b)\right]}{b} \tag{4-4}$$

式中 WOR——油水比;

N_p——累计产油量,10^4t;

a,b——模型常数;

f_w——含水饱和度,%。

③ 丙型水驱特征曲线。

苏联学者纳扎洛夫于1982年以经验公式形式提出的累计液油比与累计产液量的直线关系式在我国得到了广泛的应用,该水驱特征曲线于1995年由陈元千推导得出并被命名为丙型水驱特征曲线。其物理意义是油田开发到一定阶段以后,累计产液量与累计产油量之比与累计产液量在直角坐标中呈直线关系,主要关系式为:

$$\frac{L_p}{N_p} = a_3 + b_3 L_p \tag{4-5}$$

$$N_p = \frac{\left[1 - \sqrt{a(1-f_w)}\right]}{b} \tag{4-6}$$

式中 L_p——累计产液量,10^4t;

N_p——累计产油量,10^4t;

a_3,b_3——模型常数;

f_w——含水饱和度,%。

④ 丁型水驱特征曲线。

丁型水驱特征曲线的物理意义是当油田开发到一定阶段以后,累计产液量与累计产油量之比与累计产水量在直角坐标中呈直线的关系,其表达式为:

$$L_p/N_p = a + bW_p \tag{4-7}$$

$$N_p = \frac{\left[1 - \sqrt{(1-a)(1-f_w)/f_w}\right]}{b} \tag{4-8}$$

式中 L_p——累计产液量,10^4t;

N_p——累计产油量,10^4t;

a,b——模型常数；

f_w——含水饱和度,%。

⑤ 产量递减曲线。

产量递减曲线是美国人Arps在20世纪40年代提出的。该方法把产量递减规律归纳为双曲线递减、指数递减与调和递减三种形式,主要计算公式为:

$$\left.\begin{aligned} q(t) &= q_i(1+D_it)\frac{1}{n} \\ N_p(t) &= \frac{q_i}{(n-1)D_i}\left[(1+D_it)^{\frac{1}{n}}-1\right] \end{aligned}\right\} \quad 0<n<1 \quad \text{双曲递减曲线} \tag{4-9}$$

$$\left.\begin{aligned} q(t) &= q_i(1+D_it)^{-1} \\ N_p &= \frac{q_i}{D_i}\ln(1+D_it) \end{aligned}\right\} \quad n=1 \quad \text{调和递减曲线} \tag{4-10}$$

$$\left.\begin{aligned} q(t) &= q_i e^{-D_it} \\ N_p(t) &= \frac{q_i}{D_i}\ln(1-e^{-D_it}) \end{aligned}\right\} \quad n=0 \quad \text{指数递减曲线} \tag{4-11}$$

式中 $q(t)$——第t年的年产油量,10^4t;

q_i——开始递减时的年产油量,10^4t;

D_i——模型常数;

N_p——累计产油量,10^4t。

⑥ 哈伯特产量模型。

哈伯特产量模型是美国哈伯特1962年提出的。其主要计算公式如下:

$$N_p = \frac{N_R}{1+ce^{-at}} \tag{4-12}$$

式中 t——开发年限,a;

N_p——t时刻的累计采油量,10^4t;

N_R,c,a——模型常数。

⑦ H－C－Z产量模型。

H－C－Z模型是由胡建国、陈元千、张盛宗1995年提出的,主要计算公式为:

$$N_p = N_R\exp\left(-\frac{a}{b}\right)\exp(-bt) \tag{4-13}$$

式中 t——开发年限,a;

N_p——t时刻的累计采油量,10^4t;

N_R,a,b——模型常数。

(19)油田日产油量:指全油田实际每日采出的油量,单位为 t/d(m^3/d)。它是表示油田日产油水平的一个指标。

(20)油田日产油能力:指全油田所有生产井都投产时的日产油量。计算时一般用平均单井日产油量乘以生产井数求得。它的值要大于油田日产油量,是表示油田生产能力的一个指标。

(21)油田年产油量:指全油田全年实际采出的油量,单位为 t/(m^3/d)。它是表示油田年产油水平的一个指标。

(22)油田年产油能力:指全油田所有生产井全年都投产时的年产油量。计算时一般用油田日产油能力乘以全年开井天数求得。它是油田生产规模的指标。

(23)平均单井日产量:指油田实际日产油能力除以实际开井生产的井数所得的值。它是表示油田日产油能力大小的指标。

(24)折算年产油量:指根据月实际产油量所计算的年产油量。折算年产油量并不等于实际年产油量,是用来计算折算采油速度的一个指标。

$$折算年产油量 = \frac{月实际产油量}{当月天数} \times 365 \tag{4-14}$$

(25)极限含水率:指采油井或油田在经济上失去开采价值时的含水率。目前一般采用极限含水率 98%。它是采油井或油田报废的重要指标。

(26)水油比:指日产水量与日产油量之比,单位为 m^3/t 或 m^3/m^3。它是表示油田产水程度的指标。

(27)极限水油比:由于产水量的上升,使油田失去继续开采价值的水油比叫极限水油比。目前一般采用极限水油比为 49%。它是确定油田开发年限和油田报废的一个指标。

(28)注水量:单位时间内注入油层的水量,单位可用 m^3/d、$10^4 m^3$/a 表示。它是表示油田注水状况的一个指标。

(29)累计注水量:指油田从投注到目前为止注入油层的总水量。可与累计产水量及累计产油量一起研究注采平衡及注入水利用情况。

(30)地下体积亏空:即注入剂的地下体积与采出液地下体积的差值。

(31)地质储量:是指在地层原始条件下,具有产油能力的储层中石油的总量。杏北油田地质储量(65101×10^4t) = 表内储量(53460×10^4t) + 表外储量(11641×10^4t)。

(32)单储系数:指油藏单位体积所含的地质储量。一般用 1km^2 的面积与 1m 厚度的体积所含的地质储量来表示,单位为 10^4t/($km^2 \cdot m$)、$10^8 m^3$/($km^2 \cdot m$)。

(33)储量丰度:指油藏单位含油面积范围内的地质储量。按《石油天然气储量计算规范》规定,油田储量丰度(Ω_o)分为高丰度($\Omega_o > 80$)、中丰度($25 \leqslant \Omega_o <$

80)、低丰度($8 \leqslant \Omega_o < 25$)、特低丰度($\Omega_o < 8$)。

(34)采出程度:也叫目前采收率,指油田某时间的累计产油量 $N_p(G_p)$ 占地质储量 $N(G)$ 的百分数,符号为 R,其计算公式为:

$$R = N_p(G_p)/N(G) \times 100\% \quad (4-15)$$

用上述公式可以计算开发区、排间、井组、单井的采出程度。它反映油田地质储量的采出状况,是衡量开发效果的一个重要指标。

(35)采油速度:年采油量与地质储量之比叫采油速度。它是衡量油田开采速度快慢的指标,表示为:

$$采油速度 = 年采油量/地质储量 \times 100\% \quad (4-16)$$

(36)采收率:指油田采出的油量占地质储量的百分数。

(37)阶段采收率:指油田某一开采阶段采出的累计油量与地质储量的比值。

(38)最终采收率:指油田开发终了时累计采出的油量占地质储量的百分数。

(39)可采储量:指在现有工艺技术和经济条件下,能从储层中采出的那一部分油量。它是衡量油田开发效果的重要综合性指标,是反映油田开发技术水平和采油工艺条件对油田储量利用程度的标志。

(40)可采储量分类。

① 技术可采储量:指在现有的井网工艺技术条件下,获得的总产油量。水驱油藏一般测算到含水率98%。

② 经济可采储量:在现有井网、现有工艺技术条件和经济条件下,能从油藏获得的最大经济产油量。

③ 次经济可采储量:技术可采储量与经济可采储量之间的差值。

(41)剩余可采储量:指油田可采储量减去目前已采出的总油量,是衡量油田今后开采速度可达到多高和尚可稳产多长时间的主要依据。

(42)可采储量(剩余可采储量)采油速度:年采油量与可采储量(剩余可采储量)之比。

(43)储采比:指油田年初剩余可采储量与当年产油量之比。储采比越高,稳产时间越长;储采比越低,稳产条件越差或已不稳产。一般剩余可采储量计算的采油速度控制在8%~11%。

(44)地层压力。

① 原始地层压力:在地层未被打开时所得的地层压力叫原始地层压力。事实上地层未被打开是不可能测得压力的,因此通常在油田投入开发前从探井中测得。

② 目前地层压力:油田投入开发以后,某一时期测得的油层中部压力就称为该时期的目前地层压力。

③ 折算地层压力:大多数油田是由许多油层组成,有的油层深,有的油层浅,同一个油层同属于一个水动力系统,但在各井中因所处位置的海拔深度不同,计算出来的原始地层压力也就有高有低,为了便于邻井对比,把所有井的地层压力都折算到同一基准面来进行比较,这种折算后的压力就称为折算地层压力。

二、开发规划方案编制

(一)开发规划方案的分类

开发规划方案的编制是在对油田总体开发效益分析、潜力分析以及中长期发展战略的基础上进行的,指标预测具有战略指导性,更多地考虑资源的合理配置和油田发展中长期效益。开发规划方案主要分为年度开发规划方案及中长期滚动开发规划方案两种。

(二)年度开发规划方案编制(以杏北开发区为例)

1. 方案编制总体思路

以大庆油田总体目标为指导,坚持质量与效益并重,立足存量、做优增量,管好地下,抓好效益,开展好水驱控递减、聚合物驱提效率、三元复合驱快发展各项工作,精细论证开发效益,科学部署油田开发规划,超前攻关持续稳产重要支撑技术,确保杏北开发区有质量、有效益、可持续原油生产目标。

2. 方案编制基本原则

(1)坚持贯彻落实“有质量、有效益、可持续”的发展方针。坚持以大庆油田可持续发展规划为统领,努力谋求高水平、高效益油田开发。

(2)坚持走低成本发展之路。加强水驱精细开发调整,全面提高水驱开发效果,实现“控含水、控递减”的目标。

(3)坚持聚合物驱提效率、三元复合驱快发展。完善聚合物驱配套调整技术,提高聚合物利用率;探索三元复合驱高效开发模式,最大限度地提高采收率。

(4)坚持产能区块优化部署。产能区块要坚持地面、地下一体化部署,水驱、三采开发方式统筹考虑,兼顾产能平衡衔接及最大限度地减少投资,实现“产量、效益、投资”的良性循环。

(5)坚持科技创新引领开发。加快攻关层系井网优化调整、一类油层化学驱后提高采收率、三类油层三次采油和扶余油层开发技术,为油田长远发展提供技术储备。

3. 方案编制主要内容

(1)规划期前一年度方案执行情况(中长期规划一般是规划期前五年或十

年）。重点分析原油产量、注水量、产液量、水驱主要开发指标、产能建设、新增可采储量等完成情况。

(2)油田开发面临的形势及存在问题。重点分析水驱、三次采油目前的开发形势及主要影响因素，储采失衡矛盾，水驱控递减、控含水难度，油层动用程度，地层压力水平，三次采油开发受效状况等方面存在的潜力及问题。

(3)油田开发潜力分析。重点分析下步新井产能部署及增加可采储量潜力、措施及综合调整潜力、三次采油提高采收率潜力等地下剩余资源的进一步落实和有效动用情况。

(4)年度开发规划部署情况。结合资源潜力和油田公司整体规划安排工作思路，部署年度产能建设工作量，增产增注及综合调整措施工作量，原油生产任务，产液量、注水量、水驱递减率、水驱年均含水等主要开发指标。同时，还要做好产量风险分析及保障措施制订工作。

第五章 动态分析技术及套损防护

本章主要介绍油田开发动态分析技术和套损防护方面的基本知识、工作流程。采油地质技术员应全面掌握辖区(区块、井组、单井)的开发基本动态特征,动态分析基本流程,动静态资料分析与应用知识,措施挖潜选井、选层原则和方法;了解套损机理、成因及套损现状、治理对策、方法和油田公司套损防护法规。

第一节 概 述

一、动态分析目的及意义

(1)动态分析目的是通过借助大量的油水井第一手资料,认识油层中油、气、水运动的规律。

(2)动态分析意义是油田投入开发后,油藏内部诸多因素都在发生变化(油气储量的变化、油层压力的变化、驱油能力的变化、油气水分布状况的变化等),动态分析就是研究这些变化,找出各种变化之间的相互关系以及对生产的影响。通过分析解释现象,认识本质、发现规律、解决生产问题,提出调整措施、挖掘生产潜力、预测今后的发展趋势。

二、油田开发三大矛盾及两大平衡

(一)三大矛盾

1. 层内矛盾及调整方法

层内矛盾是由于厚油层内部纵向上非均质性,注入水沿阻力小的高渗透条带突进呈“指进”现象,由于采油井过早见水,降低了驱油效果。减缓层内矛盾的方法是注水井调剖或厚油层内部单卡控制注采。

2. 层间矛盾及调整方法

非均质多油层油田笼统注水后,由于高、中、低渗透层的差异,各层在吸水能力、水线推进速度、地层压力、采油速度、水淹状况等方面产生的差异叫层间矛盾。解决层间矛盾要细分层系或在本层系中进行分层注水、分层采油,调整分层注水量、采油量,使高、中、低渗透油层同时发挥作用。

3. 平面矛盾及调整方法

平面矛盾是由于油层渗透率在平面上分布不均及井网对油层各部分控制不

同，构成了同一单层内各井点间的矛盾，使注入水在平面上推进不均，油水前缘沿高渗透区呈舌状窜入采油井，形成“舌进”。减缓平面矛盾办法是采油井堵水，关高含水井，注水井停注、控注或新钻加密井调整。

（二）两大平衡

（1）注采平衡：指注入剂所占地下体积与采出物所占地下体积达到平衡，衡量指标是注采比 IPR。

① $IPR>1$，注水量大于采油量；

② $IPR<1$，注水量小于采油量；

③ $IPR=1$，注采平衡。

（2）压力平衡：指注入剂补充地层能量与采出物造成地层能量亏空达到平衡，衡量指标是总压差 $\Delta p_{总}$。

① $\Delta p_{总}>0$，地层能量充足；

② $\Delta p_{总}<0$，地层能量亏空；

③ $\Delta p_{总}=0$，地层能量平衡。

三、动态分析所需资料

（一）开发动态分析常用的曲线

开发动态分析常用的曲线包括总的开采曲线（包括总井数、开井数、日注量、注入浓度、日产液量、日产油量、综合含水率、采出浓度等）；驱替特征曲线；采液指数、综合含水率、产油量及采出浓度与注入孔隙体积倍数的关系曲线；实际产油量、综合含水率及采出浓度与预测模型的关系曲线。

（二）开发动态分析常用图幅

开发动态分析常用图幅包括注采压力剖面变化图；油层压力等值图；综合开采形式图；典型井产液剖面、吸水剖面图；典型区块剩余油分布图；细分沉积相带图。

四、常用资料的作用及意义

（一）测动液面的意义

根据动液面，可计算泵的沉没度、油层压力，分析采油井的供排液能力，从而对生产参数进行调整和优化。

（二）示功图的用途

示功图是由载荷随位移的变化关系曲线所构成的封闭曲线图。在有杆泵采油过程中，用动力仪绘出示功图，定性地分析深井泵的工作情况，是了解井下抽油泵工作状况的重要手段。

(三)注入井分层测试的目的

注水井分层测试就是通过测试来了解分层注水量,从而确定层段的吸水能力,合理对层段进行配水,保证纵向上吸水剖面相对均衡,最大限度地发挥各类油层的作用,达到最佳驱油开采效果。

(四)吸水剖面的用途

注水井在一定的注入压力和注入量的条件下各吸水层的吸水量一般用相对吸水量表示。常用测吸水剖面的方法有同位素载体法、中子氧活化法、电磁流量法等。通过测吸水剖面可确定配注层段内各小层的吸水能力;确定油层内的吸水剖面;确定窜槽井段;发现封隔器不密封故障;检查封隔器的位置是否正确。

(五)产液剖面的用途

产液剖面是指纵向上各小层产出液体的体积。它反映了纵向各小层的产液、产油、产水的能力分布。通过测产液剖面可指导编制和调整配产配注方案;了解油层的生产能力;检查分层改造的效果;推断高含水油层的出水部位。

(六)油层连通图的用途

(1)确定注采井别。从油层连通图上可以了解注水井与采油井之间油层的连通情况,哪个方向渗透率高、水容易突进,哪个方向渗透率差、水不容易推进。

(2)分析小层动态。油田投入开发以后,油层内的油、气、水分布在不断变化,相继出现一系列新问题。要掌握小层的动态规律,首先要了解小层的静态特点。应用连通图可以对每个区、每口井的小层进行分析,了解射开油层数、有效厚度、地层系数以及各射开层的类型,有利于管井和挖潜增产。

(3)研究分层开采措施。应用油层连通图可以了解注水层位与采油层位是否对应,以便充分发挥分层注水效果;了解隔层条件,选择合理的卡封隔器位置;按照小层渗透性、连通性和分层配产配注的需要,采取分层增产增注措施。

第二节 水驱开发

一、油水井措施方案分类

水驱措施方案调整主要分为措施和方案两类。采油井措施包括压裂、酸化、补孔、大修、堵水、强排酸、换泵和拔堵等。注水井措施包括压裂、酸化、补孔、大修、强排酸和调剖等。注水井方案调整包括细分、测调、关井、降压、降虚、作业调整、重划、改性质、笼统改分层、大修后分层、井况调查后分层、试注试配、压裂后分层、补孔后分层等。

(一)采油井措施

(1)采油井压裂:利用地面高压泵将压裂液挤入油层,使油层产生裂缝或扩大原有裂缝,然后再挤入支撑剂,使裂缝不能闭合,改善油层的渗流能力,从而提高采油井采液能力。

(2)采油井补孔:在油田开发的不同阶段,因漏射、未射透、泄压或者开发需要射开新油层等原因,需再次对油层进行射孔,挖潜原射孔段不能挖潜的剩余油。

(3)采油井强排酸:向地层注入一种或几种酸液,利用酸液与地层中物质的化学反应,溶蚀储层中连通孔隙或天然裂缝、碳酸盐岩、钙质胶结物,增加流动能力,降低油渗流阻力,达到增产目的。

(4)采油井堵水。

① 机械堵水技术:利用封隔器及其配套工具封堵高含水井的高产液、高含水层,控制注入水在高渗透、高水洗地层的突进,减小近井地带高、低渗透层层间压差,抑制注入水从低渗透层向高渗透层的渗流,提高注入水波及体积与油层动用程度,实现稳油降水,改善开发效果。

② 化学堵水技术:将化学剂注入高含水井的高渗透层,降低近井地带地层的水相渗透率,封堵高渗透层或大孔道,降低高含水层引起的层间干扰,改善产液剖面,实现稳油降水,改善开发效果。

(5)采油井拔堵:指专门针对采油井机械堵水措施的逆向作业,起出原堵水管柱,打开堵水层位恢复生产。

(6)采油井换泵:由于采油井抽汲系数过小或者过大,并且不能通过调参来改变供排关系,而通过更换抽油泵的大小来改变供排关系。

(二)注水井措施

(1)注水井压裂:利用地面高压泵将压裂液挤入油层,使油层产生裂缝或扩大原有裂缝,然后再挤入支撑剂,使裂缝不能闭合,改善油层的渗流能力,从而提高注水井注入能力。

(2)注水井补孔:在油田开发的不同阶段,因漏射、未射透或开发需要射开新油层等原因,需再次对油层进行射孔,提高未射孔层的动用程度。

(3)注水井酸化:指地面配制的酸液经井筒挤入油层中,利用酸液的化学溶蚀作用及向地层挤压酸液时的水力作用,解除油层堵塞,扩大和连通油层孔隙,恢复和提高油层近井地带的渗透率,从而达到增产增注的目的。

(4)注水井调剖:是基于调剖剂对地层的自由选向功能,当调剖剂泵入注水井时，则优先进入地层高渗透部位和大孔道，并在预定时间内生成冻胶或固体沉淀，对进入调剖剂的层位产生封堵作用，结果使整段油层的渗透率趋于一致，注入水改变流动规律而流向中低渗透层，增加差油层的吸水层数，提高差油层的动用程度，从而增加注入水的波及体积，提高油田采收率。注水井调剖分为浅调剖和深调剖两种。

（三）注水井方案

（1）注水井细分：根据吸水剖面、分层测试成果等对高含水层位或低效循环层位进行判断，通过封隔器对全井进行分段注入，控制高含水层或低效无效循环层位，是一种改善油层动用程度的手段。

（2）注水井测调：依据周围油水井注采平衡关系，通过调整层段注入量，来控制或加强某个层位注水，从而改变该层段的注水强度。

（3）注水井笼统改分层：新投注水井或转注井，按照射开厚度、周围连通状况、油层动用状况及与周围采油井注采关系，实施分层配水。

（4）注水井压裂后分层：当注水井实施压裂后，需要对压裂井重新进行分层设计。当压裂井含有停注层段，将按照原分层管柱下入。当压裂井没有停注层段，先下入光管进行注水，待累计注水量达到3000m^3时，再下入分层管柱（不同采油厂做法不同）。

（5）注水井井况调查后分层：当注水井井况发生异常时，需要对该井实施井况调查，查看该井套损情况。当套管发生损坏时，需要进行大修作业，修复套损层位。当套损修复时，按照注水井实际需求下入分层注水管柱。

（6）注水井补孔后分层：注水井由于某种需求，对某些层位实施补孔，当实施补孔后，分注层段需要调整，结合新射孔层段加强注入原则设计分层方案。

二、主要措施方案选井选层标准

经过多年的实践和总结，形成了主要增产增注措施及注水井方案调整的相关技术标准。这些标准适用于特高含水开发期各项技术在选井选层及方案设计过程中的目标参考值，具体井层的选择及方案设计还应根据具体情况，参照动静态资料综合分析确定。

（一）采油井措施选井选层标准

1. 采油井压裂选井选层原则

选井标准：优选“两高”井。控制程度高——有两个及以上受效方向；地层压力高——总压差大于 -1.5MPa；未发生套损或套损井进行修复后变径在108mm以上（不同采油厂标准不同）。

选层标准:优选"两低"层。依据沉积类型优选低含水砂体;依据监测资料优选低动用部位。

2. 采油井堵水选井选层原则

选井标准:单井含水率大于井区平均值4%以上;单井日产液量大于40t。

选层标准:折算有效厚度大于1.0m;渗透率突进系数大于2.0;接替层砂岩厚度大于10m。

3. 采油井换泵选井选层原则

实际生产流压大于最低允许流压2MPa;渗透率变异数大于0.6;地层压力大于8MPa。

4. 采油井补孔选井选层原则

射孔原则上不打乱井网层系;100m 内无同层系采出井点;单井日产油量低于2t;预补射油层有两个以上射孔注水井点;补开有效厚度大于6m。

(二)注水井措施选井选层标准

(1)基础井网、一次加密井网一般选用酸化;二、三次加密井网一般选用压裂。

(2)配注与实注差值低于30m³时酸化;大于30m³时压裂。

(3)射开薄差层比例低于60%时酸化;高于60%时压裂。

(4)历史增注措施低于3次时酸化;超过3次时压裂。

(三)注水井方案调整标准

(1)"666"细分注水标准:层段单卡油层数低于6个;层段单卡砂岩厚度小于6m;层段内渗透率变异系数不大于0.6(不同采油厂标准不同)。

(2)层段配注量标准:加强层段配注水量=3.5×射开砂岩厚度×连通比例;平衡层段配注水量=3.0×射开砂岩×连通比例;限制层段配注水量=2.5×射开砂岩厚度×连通比例。

三、动态分析内容

(一)采油井动态分析

了解单井正常生产能力及开发状况,对比单井产液量、产油量、含水率、沉没度等动态数据变化情况。当动态数据发生较大变化时,在保证录取数据真实准确的情况下,首先排除是否出现机泵问题或地面故障,再分析地下形势变化情况。采油井动态分析主要分析内容如下。

1. 采油井增产因素分析

(1)是否改变工作制度(包括电泵井放大油嘴,抽油机井、螺杆泵井调大参数)；

(2)是否为增产措施井(包括压裂、酸化、堵水、补孔、换大泵等)；

(3)是否有采油井维护措施(检泵、热洗等)；

(4)是否注水井方案变动后,采油井目的层受效；

(5)是否井区内其他方向采油井关井,注水方向发生改变。

2. 采油井减产因素分析

(1)是否改变工作制度(包括电泵井调小油嘴,抽油机井、螺杆泵井调小参数)；

(2)是否出现机泵问题或地面设备问题(包括抽油杆、泵问题,地面管线泄漏,回压高等)；

(3)是否注水井方案变动后,采油井非目的层受效；

(4)是否注水井吸水能力下降,导致采油井产量递减快；

(5)是否井区内注采强度不合理,导致采油井含水率快速上升；

(6)是否井区内其他方向采油井开井,注水方向发生改变,导致该井供液不足。

对于地面设备及机泵问题,需要及时与生产维修部门协调进行维修作业；对于地下注水开发不合理导致的产量下降情况,应该及时应用动态资料、静态资料、测井资料对地下形势进行分析,找出剩余油潜力所在,从而进行方案调整,以实现合理有效注水。

(二)注水井动态分析

分析注水井注水量增减及注水压力变化情况,主要分析井区周围注采变化情况、注水井调整及增注情况、油层污染情况、注水剖面变化情况、注水井测试情况。

1. 注水井增加注水因素分析

(1)是否为增注措施井(包括压裂、酸化、补孔等)；

(2)是否改变注水工作制度(包括提高注水压力、放大井下水嘴等)；

(3)是否有注水井保护措施(包括换管线、洗井等)；

(4)是否存在窜槽、套漏等；

(5)是否井区注采关系发生变化,注水能力上升；

(6)是否存在地面设备问题(包括管线穿孔等)。

2. 注水井减少注水因素分析

(1)是否计划控制注水井(包括钻井关控或防套损控注等)；

(2)是否改变注水工作制度(包括降低注水压力、缩小井下水嘴等)；

(3)是否存在其他调整措施(包括封窜、调剖等)；

(4)是否存在油层污染,造成注水井吸水能力下降；

(5)是否井区注采关系发生变化,注水能力下降;

(6)是否井区注采不合理,注水强度大,导致注水能力下降。

在注水井生产动态分析过程中,要经常应用定期测得的同位素、静压资料中的表皮系数、注水指示曲线和注水井分层测试资料来分析注水井窜槽、井底污染程度、油层吸水状况等情况,可针对不同的情况,提出封窜、调剖、压裂、酸化、方案调整、井况调查、大修等措施。

(三)井组动态分析

(1)分析井组产量、压力、含水率变化及注水是否受效;

(2)分析分层开采情况;

(3)分析注采平衡及水线推进情况;

(4)分析井组调整效果。

井组动态分析的目的是以注水井为中心,通过研究注水井调整后采油井生产动态特征变化,根据受效状况判断井层连通好坏,以便更有针对性地采取油水井协同调整措施,改善井组开采效果。

(四)区块动态分析

区块动态分析是在油水井单井动态分析的基础上,着重对其在目前生产阶段内的产量、含水率、压力等变化进行分析,提出保持区块稳产或减缓递减的基本措施。

(1)分析区块增减产主要因素,并对变化大的井做出具体分析,提出下步调整对策。

(2)分析区块目前开发现状及主要指标变化情况,查找区块存在的主要开发矛盾。分析内容主要包括区块油水井开井率、生产时率、注水压力、注水量、注水强度、动用状况,采油井日产液量、日产油量、含水率、沉没度、采液强度、采油强度、含水上升率、产量递减率、注采比、存水率、水驱指数、采液指数、采油指数、油水井数比、水驱控制程度、套损情况等内容。

(3)分析区块调整潜力,制订调整方案,实施针对性调整措施,改善区块开发效果。调整措施主要包括注采系统调整和注采结构调整,注采系统调整包括油水井大修、补孔、更新、侧斜、补钻新井等;注水结构调整包括注水井细分、测调、周期注水、压裂、酸化、调剖等;产液结构调整包括压裂、换泵、堵水、调参等。

四、方案跟踪调整要求

(1)采油矿相关管理人员,要及时跟踪执行进度,对不能按时执行的原因要落实清楚并积极解决,不能解决的问题要及时反映到上级部门。

(2)地质大队及采油矿工艺队要对措施方案效果进行及时跟踪和分析。对措施效果差的单井,要落实生产数据,认真分析原因,及时实施跟踪调整措施。

第三节　三次采油

一、三次采油基础知识

(一)基本概念

(1)三次采油:是由油田的开采方式演变发展而来的。当二次采油末期油田含水率上升到经济极限,再用注水以外的新方法继续进行开采,这就是三次采油(EOR)。

(2)三次采油与二次采油相比的特点:与二次采油相比,三次采油的特点是高技术、高投入、高采收率,应用该方法仍可获得较高的经济收益。

(3)三次采油常用的方法:注入化学剂、注入天然气、注入二氧化碳、注入细菌、注入热介质等。

(4)注入速度:指年绝对注入聚合物溶液量占油层孔隙体积的百分数,单位通常用PV/a表示。

(5)视吸水指数:指注入井在单位井口注水压力下,每米厚度的油层平均日吸水量。

$$N = \frac{q}{hp} \tag{5-1}$$

式中　N——视吸水指数,$m^3/(d \cdot m \cdot MPa)$;

q——日注水量,m^3;

h——油层厚度,m;

p——井口注水压力,MPa。

(6)油层动用程度:指油层动用厚度与油层射开总厚度之比。它是油田开发动态分析的重要指标,油层动用程度越高,动用的储量越多,油田开发效果越好。

(7)聚合物溶液注入浓度。

$$\text{聚合物溶液注入浓度(mg/L)} = \frac{\text{聚合物注入干粉量}}{\text{聚合物注入溶液量}} \tag{5-2}$$

(8)存聚率:指累计注入聚合物液量减去累计产出聚合物液量占累计注入聚合物液量的百分数。

(9)渗透率变异系数:是一个描述油层纵向非均质性的参数。它是影响聚合物驱采油的重要参数之一，也是决定一个油层是否适合聚合物驱的重要指标。渗透率变异系数可能的变化范围为0~1。

$$V = \frac{\bar{K} - K_\delta}{\bar{K}} \tag{5-3}$$

式中 $\bar{K}$——平均渗透率，占累计样品50%处的渗透率值；

K_δ——占累计样品84.1%处的渗透率值，μm^2；

V——渗透率变异系数，值为0~1。

(10)不可及孔隙体积：在多孔介质中存在着一些小孔隙，聚合物分子不能进入，将这一部分孔隙体积定义为不可及孔隙体积。

(11)毛细管数：它表示在一定润湿性和一定渗透率的孔隙介质中两相流动时，排驱油的动力，即黏滞力与阻力之比。毛细管数越大，残余油饱和度越低，提高采收率幅度越大。

$$N_c = \frac{v\mu}{\delta} \tag{5-4}$$

式中 N_c——毛细管数；

v——渗流速度，m/s；

μ——水的黏度，mPa·s；

δ——油水界面张力，mN/m。

(12)波及系数：驱油剂波及的油层容积与整个含油容积的比值。

(13)流度：在达西定律中，表示流体运动速度与压力梯度关系的比例系数称为流体的流度(λ)。它表示流体通过孔隙介质的能力，等于岩石对流体的有效渗透率与流体黏度的比值，单位为$\mu m^2/(mPa \cdot s)$。

$$\lambda = K/\mu \tag{5-5}$$

式中 K——岩石对流体的有效渗透率，μm^2；

μ——流体黏度，mPa·s。

(14)流度比：是指两种流体流度的比值，在使用过程中，除非特别指出，流度比一般都是指水、油的流度比，通常用M表示。

$$M = \lambda_w/\lambda_o \tag{5-6}$$

式中 λ_w——水的流度，$\mu m^2/(mPa \cdot s)$；

λ_o——油的流度，$\mu m^2/(mPa \cdot s)$。

(15)井网系数：井网控制面积与油层面积之比。

$$E_p = A_w/A \tag{5-7}$$

式中 E_p——井网系数；

A_w——井网控制面积，m^2；

A——油层面积，m^2。

(16)控制程度：指聚合物溶液可以进入的孔隙体积占油层孔隙体积的百分比。

(17)聚合物的阻力系数：指聚合物降低水油流度比的能力，它是水的流度与聚合物溶液流度的比值。

(18)聚合物的流变性：是指其在流动过程中发生形变的性质。

(19)残余阻力系数：描述聚合物降低油层渗透率的能力，它是聚合物驱前后岩石水相渗透率的比值，也称为渗透率下降系数。

(20)残余阻力系数的影响因素。

残余阻力系数是影响聚合物驱的重要因素之一。残余阻力系数越大，聚合物提高采收率的幅度越高，每吨聚合物产出的油量和节省的水量也增加。通过国内外的研究认为，影响残余阻力系数的因素如下：

① 聚合物相对分子质量越高，降低水油流动比的能力越大，聚合物在多孔介质内有较大的残余阻力系数。

② 残余阻力系数随聚合物浓度的增加而增大，最后趋于平缓。

③ 随注入速度的增大，聚合物分子为适应流动由近似圆形趋向直线型，聚合物更容易进入小孔隙，从而增加了聚合物在孔隙中的滞留量，残余阻力系数也随之增大。

④ 随矿化度的增大，聚合物在孔隙中的滞留量减少，残余阻力系数也降低。

⑤ 随着油层渗透率的降低，聚合物的滞留量增加，残余阻力系数也增大。

⑥ 随着温度的增加残余阻力系数降低。

(二)聚合物驱相关基础知识

1. 聚合物

聚合物是一种高分子物质，驱油用的聚合物大致可分为两类：天然聚合物和人工合成聚合物。天然聚合物从自然界的植物及其种子中得到，或由细菌发酵得到。人工合成聚合物是在化工厂生产的。目前大量使用的是聚丙烯酰胺(PAM)及部分水解聚丙烯酰胺(HPAM)。

1)聚合物的流变曲线的分段解释

聚合物在流动过程中会发生形变，其流变曲线包括牛顿段、假塑性段、极限牛顿段、黏弹段和降解段。在很小的剪切速率下，流动对聚合物的结构没有改变，聚合物溶液黏度不随剪切速率的变化而变化，该阶段为牛顿段。当剪切速率较大时，使聚合物解缠和分子链彼此分离，从而降低了相互运动阻力，这时表观黏度随剪切速率的增大而降低，该阶段为假塑性段。当剪切速率增加到一定程度，表观黏度又表现为常数，该阶段为极限牛顿段。当剪切速率再增加时，表观黏度随之增加，该阶段为黏弹段。当剪切速率增加到足以使高分子链断裂，发生了聚合物降解，从而使聚合物溶液黏度降低，该阶段为降解段。

2）聚合物的溶解划分阶段

聚合物的溶解分两个阶段，先是溶剂分子渗入聚合物内部，使聚合物体积膨胀，称为溶胀；然后才是聚合物分子均匀分散在溶剂中，形成完全溶解的分子分散体系。

3）聚合物降解的种类

聚合物经配制、注入到由采出井中采出，要经过一个复杂的过程，受到机械剪切、微生物降解和氧化降解等多种因素的影响，使聚合物相对分子质量降低，溶液的黏度下降。研究表明，聚合物溶液在整个注入采出过程中的黏度损失，主要集中在注入系统及射孔炮眼附近地带，约占全部损失的70%。按照降解类型聚合物降解主要分为以下三种：

机械降解：当溶液中的聚合物分子所受到的拉伸力超过高分子所能承受的力时，使聚合物分子链断裂、变短，这种降解称为机械降解。机械降解与泵的排量、阀门的形状和开关度、聚合物的相对分子质量及阴离子度有关。

化学降解：指在某些化学因素的作用下，发生的氧化还原反应或水解反应，使聚合物分子链断裂或改变聚合物的结构，从而导致聚合物相对分子质量下降、黏度降低。化学降解大致可分为热降解和氧化降解。

生物降解：指在各种酶作用下，使聚合物的结构发生变化，导致聚合物相对分子质量下降、黏度降低。

2. 聚合物驱

聚合物驱是在注入水中加入少量水溶性高分子聚合物，通过增加水相黏度和降低水相渗透率来改善流度比、提高波及系数，从而提高采收率的驱油方法。

1）聚合物驱的机理及作用

聚合物驱油的主要机理是聚合物增加了水的黏度，聚合物滞留在油层中降低了水相渗透率，降低了水的流度；而聚合物是不溶于油的，对油的黏度几乎没有影响，由于油滴等在聚合物的前沿聚集，油相渗透率增加，油的流度加大。结果是降低了水油的流度比，这样既提高了平面波及效率，克服了注水的指进，又提高了垂相波及效率，增加了吸水厚度。体积波及效率提高了，最终提高了采收率。

2）聚合物引起油层渗透率降低的原因

聚合物在流经多孔介质时，由于吸附和机械捕集作用，而使聚合物分子滞留在多孔介质中，从而引起油层渗透率降低。吸附是聚合物在岩石表面的浓集现象，它是通过色散力、多重氢键和静电作用吸附在岩石表面。机械捕集是聚合物流动过程中,在流经孔隙缩小处或死孔处时,在机械力作用下,被束缚在孔隙中。高分子线团越大,越易捕集;孔隙越小,流速越大,越易捕集。

3)聚合物的吸附量的相关因素

聚合物的吸附量与下列因素有关:

(1)岩石比表面越大,吸附量越大。

(2)不同矿物质的吸附量不同,黏土矿物的吸附量较大。

(3)阳离子型聚合物比阴离子型聚合物吸附量大。

(4)温度升高,吸附量减少。

(5)聚合物浓度升高,吸附量增大。

(6)聚合物水解度增大,吸附量减少。

(7)矿化度增大,吸附量减少。

(8)聚合物相对分子质量越高,吸附量越大。

4)选用高分子聚合物的原因

聚合物驱油时选用的高分子聚合物的优点如下:

(1)聚合物相对分子质量高,在相同浓度下,视黏度较高。

(2)聚合物相对分子质量高,在相同条件下,残余阻力系数高。

(3)聚合物相对分子质量高,在相同用量下,采收率提高幅度大。

(4)聚合物相对分子质量高,机械降解损失大,但其保留的黏度仍比相对分子质量低的聚合物高。

所以,聚合物驱油时应尽量选用高分子聚合物。但也要根据油田、区块油层的具体条件选用不同相对分子质量的聚合物,防止造成注入困难及油层变差部位的堵塞。

5)聚合物用量与提高采收率的关系及聚合物用量的确定

随着聚合物用量增加,聚合物驱采收率提高幅度(ΔR)增加。在较小聚合物用量的情况下,ΔR 上升速度较快,约在聚合物用量为 400mg/L · PV 之后,其上升速度减缓。吨聚合物增油量(T_R)在这里呈逐渐下降的变化。综合效益系数(聚合物驱采收率提高幅度 ΔR 与吨聚合物增油量 T_R乘积)首先随聚合物用量增大而增大,在某一点达到最大值,进而随用量增加而下降。

对于一个聚合物采油区,投产后继续增加聚合物用量,几乎不再需要增加地面建设投资;对于地下,先前注入的聚合物已使地下吸附捕集达到饱和,再增加聚合物用量则有利于扩大波及体积,增大聚合物驱效果。在当前其他驱油技术条件未实现工业化生产的情况下,在经济条件可以接受的条件下,适当增加聚合物用量是可行的。另外,确定聚合物用量还要考虑现场因素,即现场能否注进地下、聚合物地下稳定时间等问题。

(三)三元复合驱相关基础知识

1. 基本概念

1)三元复合驱

三元复合驱是在注水中加入碱(A)、表面活性剂(S)和聚合物(P)的复合体系(ASP)来提高采收率的驱油方法。

2)表面活性剂

具有固定的亲水亲油基团,在溶液的表面能定向排列,并能使表面张力显著下降的物质称为表面活性剂。

3)界面张力

界面张力可看成是作用在单位长度液体界面的收缩力,单位通常用mN/m表示。油/盐水的界面张力一般为20~40mN/m。三次采油技术要求界面张力降低到10^{-3}mN/m,一般把10^{-1}~10^{-2}mN/m算作低界面张力范围,10^{-2}mN/m以下的叫超低界面张力。

4)乳化

乳化是一种液体以极为细小地均匀地分散在互不相溶的另一种液体中的作用。乳化是液—液界面现象,如油与水,在容器中分两层,密度小的油在上层,密度大的水在下层。若加入适当的表面活性剂,在强烈的搅拌作用下,油被分散在水中,形成乳化液,该过程叫乳化。

5)三元复合驱阶段的划分

(1)前置聚合物段塞。

前置聚合物段塞阶段注入的聚合物溶液具有一定黏度,能够降低驱替液与油的流度比,可调整注入剖面,提高波及效率。

(2)三元体系主段塞。

聚合物、碱和表面活性剂三元驱替剂的协同作用,能够有效扩大波及体积,提高驱油效率。碱与表面活性剂产生协同效应,能大幅度降低油水界面张力。碱能使岩石表面负电性增加,减少表面活性剂在岩石上的吸附,从而可降低表面活性剂的用量,在提高驱油效率的同时降低驱替液成本;表面活性剂作为驱替液主剂能有效降低油水界面张力,改变岩石润湿性,使油滴易于启动、聚并、移动,提高驱油效率。聚合物、碱与表面活性剂共同作用能改善油层动用状况,使原油产生一定程度的乳化,扩大波及体积。为实现三元驱替剂最佳的驱替效果,需要合理设计不同驱替剂的注入浓度及注入体积。

(3)三元体系副段塞。

当主段塞用量达到0.30~0.35PV以后,如果再继续增加用量,虽然采收率可以进一步提高,但增注驱油体系所需化学剂的费用大于或接近因增大注入量而提高原油所带来的经济效益。若此时注入低碱浓度和低表面活性剂浓度的三元复合体系副段塞,该体系与原油界面张力仍维持在超低值,显然,由于化学剂成本降低,通过增大段塞可以进一步提高采收率。尽管体系的表面活性剂浓度由0.3%(质量分数)降低到了0.1%(质量分数),但由于后续注入的该体系的化学剂几乎不被损耗,因此驱油效果与表面活性剂浓度为0.3%(质量分数)时的基本相同。所以,采用注入低表面活性剂复合体系的途径和手段可以进一步提高复合驱的最终采出程度。

(4)后续聚合物段塞。

注入后续聚合物段塞,可防止后续注入水突破,段塞大小应在0.2PV以上,整体驱油效果较好。

2. 三元复合驱的机理

三元复合驱就是同时向地层中注入碱、表面活性剂和聚合物三种化学剂,利用碱和原油中的酸性物质作用生成的表面活性剂与加入的表面活性剂之间的协同作用产生超低界面张力,利用聚合物进行流度控制,既能提高油层波及体积又能提高最终采出程度。三元复合驱采收率取决于复合体系在油层中的波及系数和驱油效率,即原油采收率=驱油效率×波及系数。

扩大波及系数:波及系数分为平面波及系数和纵向波及系数两种。合理的井网井距、适当的聚合物相对分子质量及浓度、采取调剖等措施,能够增大平面波及系数。

提高驱油效率:驱油效率的大小受无因次毛细管数的控制,而毛细管数值取决于水相驱替液流动速度及黏度的乘积与界面张力的比值。匹配合理的化学剂(聚合物、表面活性剂和碱)浓度、适当的化学剂段塞大小及组合,能够提高驱油效率。

(四)化学驱效果的影响因素

化学驱效果主要受地质条件、井网完善程度、注入速度和注入质量等因素影响。在聚合物驱过程中主要表现为:注聚合物前水驱程度低的区块,聚合物驱效果好;具有层间接替能力的井,聚合物驱效果好、低含水率持续时间长;井网完善程度高,采油井受效情况好;河道砂体有效控制程度高,采油井受效情况好;层间差异大,且存在高渗透条带的井区,聚合物驱效果差;采油井见效后,含水率下降幅度不同,在最低点的稳定时间也不同。

1. 注入速度

1)注入速度对驱油效果的影响

研究结果表明,聚合物溶液的注入速度对聚合物驱效果有一定的影响,但影响不大。随着注入速度的增加,聚合物驱采收率有所降低。在总的注入量不变的前提下，注入速度降低，相应的开采时间延长，这对区块间的产量接替是有利的。另外，注入速度越高，相应的注入强度越大，注入井的注入压力越高，这将影响聚合物溶液的正常注入和套管的保护。

2）适当降低注入速度的优点

根据理论计算和现场应用，注入速度的变化范围应为 0.18～0.22PV/a，且适当降低注入速度有以下几点好处：

（1）注入速度的高低不会影响聚合物驱的最终采收率。

（2）降低注入速度，降低了注入强度和注入压力，也解决了由于采用高分子聚合物而引起的压力上升过高的问题，减少了套管损坏隐患，保证了聚合物溶液的正常注入。

（3）降低注入速度，可以延长区块的稳产期，有利于区块间的产量接替。

（4）降低注入速度，为井组之间的调整争取了时间，使生产井同时结束聚合物驱成为可能。

（5）降低注入速度对保持聚合物溶液的黏度有利。

2. 注入体系质量

从注入黏度与提高采收率关系曲线可以看出，在油层注入能力允许的情况下，随着注入黏度的提高，聚合物驱提高采收率值相应提高。影响溶液黏度的因素有聚合物的相对分子质量、水解度、阴离子含量、聚合物溶液的浓度、矿化度、pH 值、温度等。

（1）聚合物的相对分子质量增大，其在溶液中体积增大，从而使溶液的黏度增大。

（2）聚合物的水解度或阴离子含量增加，使溶液的黏度增大。但当阴离子的含量达到一定程度后，黏度增加变得非常缓慢。

（3）随聚合物浓度的增加，其溶液的黏度增加，并且增加的幅度越来越大。

（4）溶剂矿化度的增大，将降低聚合物溶液的黏度。

（5）随 pH 值的增加，聚合物溶液的黏度增加，但增加的幅度越来越小。

（6）聚合物溶液的黏度随温度的升高而降低，但在降解温度之前，其黏度是可恢复的。

3. 单井方案匹配率

通过聚合物相对分子质量及浓度与油层渗透率的匹配关系，结合注入聚合物黏度曲线、井组分类、井组碾平渗透率分布，个性化设计单井的聚合物浓度，提高油层匹配性，可改善油层动用状况，提高驱油效率，保证开发效果。

（五）驱油方案设计相关知识

1. 空白水驱的作用

地层水矿化度越高，聚合物增黏效果越差。聚合物溶液一般采用地面低矿化度水配制，而地层水矿化度高于配制水。为保证聚合物溶液注入油层后的黏度，在注聚合物前需开展空白水驱，驱替地层水，降低地层水的矿化度，从而降低矿化度对聚合物驱油效果的影响。

2. 分层注入

分层注入方式是指注入井油层差异较大，在笼统注入的情况下，高渗透层注得多，低渗透层注得少，甚至注不进，因此采取分层段分别注入的方式，以达到各层段驱替液较均匀推进，最大限度地提高采收率。

分层注水是在注水井中下入封隔器，按不同性质将油层分隔开，再用配水器进行分层配水，控制高渗透层注水量，加强中低渗透油层注水量，使各类油层都能发挥作用。

3. 单井配产配注

以往聚合物驱的单井配产配注方法主要是依据油层的有效厚度。按油层有效厚度进行区分主要考虑的是油层的相对能力及部分孔隙体积。而聚合物驱的主要对象是水驱后的剩余油量，这部分剩余油由于油层的非均质性影响，无论在平面上还是在纵向量上都是不均匀的，因此，单井配产配注只按油层的有效厚度进行，势必造成部分剩余油较多井区配注量较低、剩余油较少井区配注量较多的现象。因此，单井配产配注应以井组的碾平厚度为基础，在考虑注入井的注入能力的前提下，按连通的可动剩余储量进行配产配注。

4. 注入参数设计包含的内容

一个油田或一个区块进行聚合物驱，不是像注水那样长期注下去，而是分段塞注入。注入参数设计包括：注入速度、聚合物相对分子质量、聚合物溶液浓度、聚合物用量、段塞大小、碱浓度、表面活性剂浓度等。

二、动态分析

（一）动态分析的内容及要求

1. 化学驱动态分析包含内容

化学驱油动态分析应从注入和采出两个方面进行分析。动态分析又可分为单井分析、井组分析和区块分析。

注入井分析主要包括注入聚合物溶液的浓度及黏度、注入水质、注入压力上升情况、注入速度、吸水指数变化及吸水剖面调整情况等方面的分析。

采出井分析重点分析含水率下降幅度、单井压力变化、产出液总矿化度变化及氯离子含量变化，以及产液指数和产液剖面调整情况，聚合物的突破时间和类型。

井组分析主要分析注入井间压力上升幅度、吸水剖面及产出剖面的调整程度、聚合物推进速度、井组间压力分布状况、采油井见效时间和见效程度、采出液中聚合物含量以及井组间聚合物用量。

区块分析主要分析聚合物驱过程中的总体开发效果。分析各项开发指标与方案预测是否符合；分析压力系统是否合理，油层压力是否保持在开发界限之内；分析区块的注入速度、注采比是否匹配合理；分析区块产液量、产液指数的下降幅度；分析区块的含水下降幅度与增油量情况；分析平面及剖面调整情况；分析聚合物驱开采效果及采收率提高程度。

2. 化学驱动态分析基本要求

化学驱油动态分析要达到五个清楚：开发动态的变化清楚、存在的主要问题清楚、注入井的注入状况清楚、调整挖潜的目标和基本做法清楚、调整挖潜的工作部署清楚。

3. 注采井单井动态分析

1)注入井单井分析主要内容

注入井生产动态分析的主要内容有以下几方面：

(1)注入井增加注入量因素的分析。

① 投注新井、转注井、恢复停注井、大修恢复注水井；

② 增注措施井(包括酸化、解堵、补孔、压裂等)；

③ 改变注入工作制度井(包括提高注入压力、恢复停注层、放大水嘴等)；

④ 注入井维护措施(包括换管线、洗井、管线酸洗等)；

⑤ 其他(注入泵维护、窜槽、套漏等)。

(2)注入井减少注水量因素分析。

① 注入井改采出井，关停注入井、层；

② 由于油层注入化学药剂吸附捕集，阻力系数增大，渗流能力下降，造成注入井吸水能力下降；

③ 改变工作制度井(降低注水压力、停注、缩小井下水嘴、待大修及地层不吸水方案关井等)；

④ 其他(注入泵故障、封窜、调剖、堵漏等)。

(3)注入井体系质量因素分析。

① 供应商的化学药剂质量；

② 配制、注入过程中黏度损失(机械作用、微生物降解、水质等影响)；

③ 化验误差(操作标准、化验药剂质量);

④ 其他(取样的操作手法、井口取样器的质量等)。

在注入井生产动态分析过程中,通常应用定期测得的同位素、静压资料中的表皮系数、注入井指示曲线和注入井分层测试资料来分析注入井窜槽、井底污染程度、地层破裂以及油层的吸水状况等情况,针对不同情况,提出封窜、调剖、压裂、酸化、井况调查、大修等方案;同时对确因油层注入强度过大或注入体系质量参数不合理导致周围采油井含水上升速度快的注入井积极进行调整。

2)采出井单井分析主要内容

采出井生产动态分析的主要内容有以下几方面:

(1)采出井增产因素分析。

① 投产新井、恢复停产井、层系调整井;

② 增产措施井(包括压裂、酸化、堵水、补孔、换大泵、换型等);

③ 改变工作制度(包括螺杆泵调大参数、电泵井放大油嘴、抽油机井调大参数等);

④ 维护措施井(套管除垢、检泵、热洗、管线空穴射流等);

⑤ 注入井方案调整,采出井受效。

(2)采出井减产因素分析。

① 采出井转注入井、停产井、层系改出井;

② 改变工作制度井(包括调小参数、换小泵、电泵井缩小油嘴等);

③ 作业、监测占井;

④ 特殊变化井(包括泵漏、窜槽、垢卡等因素);

⑤ 注入井方案变动后,非目的层受效差;

⑥ 注入井吸水能力降低,产量下降快。

对采出井进行生产动态分析时,首先要落实现场资料,确认变化后,画出井组栅状图,并标上采出井的水淹层解释结果及环空找水资料出液情况、注入井同位素吸水情况,进行综合分析。对因注入参数不合理导致含水上升快的井确定出主要、次要见水层位。同时,最好画出主要、次要见水层位的小层平面图,标齐资料后,进一步确定出主要、次要来水方向,进而对注入井进行方案调整,降低主要来水方向油层的注入强度,提高非主要来水方向油层的注入强度。对已进行精细地质研究过的地区要以精细地质研究成果为依据,加强含油饱和度高的层位注入量,降低含水饱和度高的油层的注入量,以实现合理、有效注水,减缓采油井的产量递减速度。

对因非主要来水方向注入井吸水能力低、注入强度过小导致产液量下降、产油量下降较多的采油井,应采取一系列增注措施,提高注入能力,满足供液需求。

对因注入方案变动后非目的采油井受效差的要视整个井组增产情况分析,对整个井组产量递减速度加快的要进一步录取资料，认真分析，找准矛盾，再次调整，直到整个井组开发效果变好为止。

在对采出井增减产因素分析时，特别是对"三不变井"的分析，应定期录取采出剖面资料、注入剖面资料、注入井测试资料，根据不同情况，提出压裂、换泵、堵水、补孔等增油措施。

4. 区块动态分析

对区块动态分析是要在前述油水井单井生产动态分析的基础上，着重对其在目前生产阶段内的产量、含水率、压力等的变化进行分析，并归纳整理总结，提出保持区块高产稳产或减缓递减的基本措施。具体分析内容如下：

(1)在该区块增减产因素及其原因分析的基础上，还要对变化大的井的自然递增率或递减的产液量、产油量及含水率的变化做具体分析，并列举典型实例进行分析、说明。分析整个区块因产液量、含水率变化各影响多少油量，哪一项是影响递减的主要矛盾。

(2)综合分析该区块的注水生产动态，列举典型井予以分析说明注入量的增、减因素及其原因，并结合产液量递增或递减率、含水变化率及油层压力的升降情况，分析注采比、注入强度、注入层段等的合理性，提出改善注入的措施等。

(3)综合分析该区块生产动态的基本形势(根据开发综合曲线)。

(4)在上述分析的基础上，指出存在问题，如有必要进行专题研究，并根据上级对产量、注入量等指标的要求，制订出下步具体的油水井调整方案。

(二)聚合物/三元复合驱驱油阶段的划分及动态反映

1. 聚合物/三元复合驱驱油阶段的划分

1)第一阶段：水驱空白阶段

开发区块在聚合物驱之前，都要经历一个水驱空白阶段，一般为半年至一年。这个阶段要做好油水井的资料录取和开采分析工作，了解单井和区块的生产能力和注入能力，为聚合物驱方案编制提供依据，同时为聚合物驱以后的效果分析、措施调整打好基础。

2)第二阶段：聚合物注入阶段

初期：按方案要求保持连续注入，主要目的是调整井组间的压力平衡，评价注入方案与油层的匹配性，进行单井方案调整，保证尽早见效。

见效期：按方案要求保持连续注入，压力逐步上升，单井已有部分井见效，密切跟踪单井含水率变化，根据单井动态变化进一步进行方案调整，保证区块见效均匀。

见效高峰期—含水率回升期：大部分井见效，含水率处于低值期，密切监控单井聚合物浓度的变化，根据单井动态变化进一步进行方案调整，延长含水率低值期。

含水回升期：大部分井含水率处于回升期，一方面继续加大注入井的调整力度，匹配浓度调整，减缓含水率回升；另一方面根据单井聚合物浓度、含水率水平考虑井组停注聚合物，提高干粉利用率。

3）第三阶段：后续水驱阶段

后续水驱：降低注入速度，减缓含水率上升，进行分层注水调整，封堵高渗透层，后期新技术挖潜等。

2. 聚合物/三元复合驱驱油动态反映

注聚合物后，渗流阻力增加，注入能力下降；注采剖面得到调整，减缓了层间、层内矛盾；随聚合物用量增加，产液指数逐渐下降，进入含水率低值期后，采液指数趋于稳定；注聚合物受效后，采油井含水率下降，产油量上升；采油井采出液中氯离子含量增加；采油井见聚合物后，聚合物浓度逐渐上升，含水进入低值期后，聚合物浓度上升速度加快，到注聚合物后期上升速度变缓。

1）注入井的动态反映特征

（1）注入压力升高，注入能力下降。

注聚合物初期，注入压力上升快，吸水指数下降。当聚合物溶液达到一定用量以后，注入压力趋于稳定或上升缓慢。当转入后续水驱阶段，注入压力开始下降，吸水指数上升，甚至超过注聚合物前的水平。通过对几个聚合物驱矿场试验结果的分析，得到注聚合物溶液前后注入压力及油层吸水能力变化的范围：一般压力上升2.0～5.0MPa，吸水指数下降30%～50%。

（2）改善吸水剖面，增加吸水厚度。

注聚合物后，聚合物溶液先进入高渗透层，使高渗透层阻力系数增加。注入压力升高，有助于聚合物溶液进入低渗透层。注聚合物前、后的吸水剖面分析结果表明，原来吸水量大的层段注聚合物后吸水量明显降低，而吸水量小或不动用的薄油层及正韵律的厚油层的中、上部吸水量明显增加。因此，聚合物具有调整吸水剖面、扩大波及体积的作用。

2）采出井的动态反映特征

（1）聚合物/三元复合驱采出井的动态反映特征。

① 采油井流压下降、含水率大幅度下降、产油量明显增加、产液能力下降；

② 采出液聚合物浓度逐渐增加；

③ 聚合物见效时间与聚合物突破时间存在一定的差异；

④ 采油井见效后，含水率下降值和低含水稳定期不同；

⑤ 改善了产液剖面，增加了新出油剖面。

不同井根据数值模拟对比会有不同的动态反映特征。

(2)聚合物/三元复合驱产液量的变化规律。

聚合物驱过程中,产液量的变化除受油藏动、静态客观因素影响外,还在较大程度上受补孔、射孔、压裂、堵水、三换一调等措施的影响。因此,注聚合物区块产液量的变化难以预测。但根据已投产聚合物驱区块的产液量变化,注聚合物区块产液量变化可大致分为如下两种类型:

① 产液量平稳→降低→增加→平稳。

这种变化规律主要对应的是一次射开全部目的层的注采井。在注聚合物初期,采油井尚未见到聚合物驱效果时,产液量已达到高峰,在采油井受效前基本稳定在这一水平。随着聚合物的注入,注入井附近渗流阻力增大,注入压力升高。由于上覆岩层压力的限制,注入压差不能进一步放大,使注入量降低,此时采油井逐渐见到聚合物驱效果,采出液中聚合物浓度升高,溶液黏度增大,产液量进入一个持续下降的阶段。产液量达到最低值后,随着聚合物进一步注入,注入压力、注入量、油层渗流阻力基本保持稳定,再加上压裂提液等措施,产液量又逐渐上升,当进入后续水驱阶段,产液量进一步提高,最终上升到最高峰,并保持基本稳定。

② 产液量上升→降低→增加→平稳。

某些聚合物驱区块采用分步射孔方式投产,其产液量变化属于该种类型。在投产初期,由于油层逐渐打开,产液量逐渐上升,生产层全部打开后,产液量达到高峰。随着聚合物的注入,产液量逐渐降低。其后的变化与前一种相同。

(3)聚合物/三元复合驱采出井含水率变化特点。

聚合物驱初期,由于采油井尚未见到注聚合物效果,采油井含水率呈上升趋势。当注入到某一聚合物用量时,含水率达到最高值后,采油井开始见效。见效后含水率开始下降,随着聚合物用量的增加,采油井含水率下降幅度增加。当含水率下降幅度达到最大值(此时含水率下降到最低点)后,随着聚合物用量的继续增加,含水率会出现一段稳定期。稳定期过后含水率又开始上升。因此,聚合物驱过程中,含水率变化大致可分为上升、下降、稳定和上升四个阶段。

(4)采出井间含水率变化分类。

由于地质条件及剩余油情况等不同,各采出井之间所表现的含水率变化也有所不同,大致可分为以下三类:

① 含水率下降速度快,幅度小,回升快;

② 含水率下降速度较慢,幅度较大,稳定时间较长,回升较快;

③ 含水率下降速度较慢,幅度较大,稳定时间长,回升慢。

(5)在聚合物/三元复合驱过程中,采出液中矿化度的变化特点。

注水开发的油田,在注入水矿化度明显低于地层水矿化度的情况下,采油井进入中、高含水期后，采油井采出水的矿化度将会明显降低。由于聚合物驱油可扩大油层波及体积，增加新的出油部位，当聚合物驱油见效后，采油井采出水的矿化度将会明显增加，尤其是氯离子含量增加更为显著。

当矿化度达到最高值时，一般都处在采油井增产效果最佳期，而后矿化度又逐渐降低，增产效果也逐步下降。因而，产出液的矿化度是否增加以及增加多少，是聚合物驱动态反映的一个重要特点，也是衡量聚合物驱油效果好坏的重要标志。

(三)聚合物/三元复合驱的动态分析方法

1. 聚合物/三元复合驱注入井的动态分析方法

1)分析注入压力随聚合物用量的变化

注聚合物后，由于聚合物在油层中的滞留作用以及注入水黏度的增大，油水流度比降低，油层渗透率下降，流体的渗流阻力增加，因此，与水驱开发相比，在相同注入速度下，注入压力上升。注聚合物初期，聚合物注入井周围油层渗透率下降较快，导致注入压力上升快；当注入的聚合物达到一定数量后，近井地带油层对聚合物的吸附、捕集达到平衡后，渗透阻力趋于稳定，注入压力也趋于稳定或稳中有升。

2)分析油层垂向和平面波及效果

由于聚合物具有调整吸水剖面、扩大注入液的波及体积的作用，因此，注聚合物后，油层未见水层段中采出无水原油，同时控制高渗透、高水淹部位的流动。在聚合物驱油过程中，对油水井进行分层测试以及注示踪剂监测，可以分析对比注聚合物过程中油层吸水厚度和出油剖面变化，以及注聚合物后油层垂向和平面非均质波及调整效果。

2. 聚合物/三元复合驱采出井的动态分析方法

1)分析全区块聚合物用量与含水率、产油量的关系

根据数值模拟计算，在一定的油层条件和聚合物增黏效果下，聚合物用量越大，聚合物驱效果越好，提高采收率幅度越高；但当聚合物用量达到一定数量以后，提高采收率的幅度就逐渐变小。

进行聚合物动态分析时，应结合注聚合物区块油层的地质特征，认识不同聚合物用量下区块含水率、产油量之间的关系，确定聚合物增油量的最佳区间。一般情况下，注聚合物初期，随着聚合物的注入，采出井含水率逐渐上升，产油量下降。

在整个区块采油井见效后，全区块含水率下降，产油量上升；随着聚合物用量的增加，采油井含水率下降幅度增大，产油量上升值增大；当含水率下降幅度达到最大值(含水率达到最低点)后，随着聚合物用量的增加，含水率在稳定一定的时间后又逐渐上升，产油量开始下降，达到一定经济界限后，优化停注聚合物，转入后续水驱，直到含水率上升到98%，全区开采结束。

聚合物驱的过程中,含水率变化趋势可分为四个阶段,即上升、下降、稳定、上升。第一阶段时间较短,第二阶段时间较长,第三阶段不同区块时间长短差异较大,第四阶段时间最长。

2)分析注聚合物后采液指数的变化

聚合物溶液具有较高的黏弹性,在油层中由于存在滞留、吸附、捕集等作用,从而使油层渗透率下降,渗流阻力增加,大大降低油层的导压性。反映在采油井上,产液能力下降,产液指数与水驱时相比也有较大幅度的下降,一般下降40%左右。但是随着聚合物注入量的增加,采液指数不会持续下降,逐渐趋于一个稳定值。采出浓度在聚合物突破油井后逐渐上升,此时采液指数逐渐下降;当采出液浓度达到某一值时,聚合物驱油效果达到最佳,此时采液指数也处于逐渐稳定阶段;以后采出浓度快速上升,驱油效果随之缓慢下降,采液指数大体仍趋于稳定或稳中有升。

3)分析注聚合物驱采出液聚合物浓度的变化

现场实际资料反映,注入聚合物后,一般情况下采油井先见效,即含水率先下降,聚合物后突破。采油井见聚合物初期含水率较低,上升缓慢。当聚合物用量达到200mg/L·PV时,采油井全面见效,聚合物开始从油井突破,采出液聚合物浓度迅速增加。随着采出液聚合物浓度的增加,采油井含水率将大幅度下降。

4)分析注聚合物驱后的见效状况

在同一注聚合物区块内,同一井组的生产井,由于油层发育状况和所处的地质条件不同,注采井间的连通状况存在较大差异,水驱开发后,注聚合物油层中剩余油饱和度分布状况不同,因此,同一井组的采油井生产情况及见效时间也各自不同。在正常生产情况下(注入聚合物浓度、黏度符合方案要求并能保持连续注入,生产井井况、泵况及工作制度合理),一般是注采系统完善的中心采油井先见到聚合物驱油效果。

因此,必须认真分析、对比井组内各单井的动态变化,分析效果好、见效快的井的地质特征,查找采油井见效慢、增油量低的原因,进行针对性分析,揭露矛盾,分析发展趋势,采取有效措施,保证井组稳产。

5)分析油层条件、采油井连通状况与含水率变化的关系

从实际生产看,在注聚合物驱油过程中,一般采油井含水率变化有以下三种类型。

(1)见效快,表现为含水率下降早、速度快,但幅度小、回升快。此类采油井多数地层系数小、含油饱和度低、连通性差、受效方向少。

(2)见效正常,表现为含水率下降速度较慢、幅度较大、稳定时间较长、回升较快。此类采油井油层条件较好、剩余油饱和度较高。

(3)见效晚,表现为含水率下降速度较慢、幅度较大、稳定时间长、回升慢。此

类采油井油层条件好、地层系数大、含油饱和度高、连通性好、受效方向多。

(四)聚合物/三元复合驱不同阶段的调整措施及注采井的措施类型

1. 聚合物/三元复合驱不同阶段的调整措施及其作用

聚合物/三元复合驱不同阶段采取不同的调整措施,能使各区块及井组保持注采平衡、保证注入质量,维持合理的压力系统,达到含水率下降幅度较大、低含水率稳定期较长、含水率上升较慢的目的。

1)注聚合物前

(1)对注入压力低、存在特高渗透层或特高含水层的注入井,采取深度调剖或提高注入聚合物的浓度,改善吸水剖面,提高聚合物的利用率。

(2)对层间渗透率级差大,且适合分注的注入井,采取分层注入的措施,从而改善低渗透油层的开发效果。

2)注聚前期和中期

(1)为保持注采平衡和合理的压力系统,对分步射孔井及时采取补孔措施。

(2)对流压较高的采出井采取提液措施,降低井底流压,改善产液剖面。

(3)断层和注采关系不完善的地区,采取补钻井及改变井别等措施,完善注采系统,提高见效井比例。

(4)合采井采取封堵水驱层措施,避免层间干扰。

3)注聚后期

(1)注入压力高的区块和井组,采取降低注入速度措施,调整区块、井组间的注采不均衡性。

(2)油层渗透率低且注入压力高的注入井,采取降低注入聚合物浓度措施,便于聚合物溶液的正常注入。

(3)注采较困难的注入井和采出井,采取压裂措施,提高低渗透油层的注采能力。

(4)与采油井连通状况较好、注入量低且注入压力上升幅度高的注入井,采取解堵、酸化措施,改善油层的吸水状况,提高井组的注入能力,有利于井组间保持注采平衡。

2. 聚合物/三元复合驱采出井不同措施类型

1)压裂选井原则

注采关系完善,至少有 2 个及以上连通方向;产液强度相对较低;聚合物驱受效较好,处于含水率下降期或低值期;油层发育、连通较好且动用不均衡;目的层剩余油相对富集。

2)换泵选井原则

注采关系完善,至少有 2 个及以上连通方向;含水率级别相对较低;供液能力较强，沉没度连续3个月以上大于500m。

3)堵水井选井原则

含水率大于95.0%、采出液聚合物浓度高于全区平均水平；产液量高、沉没度高，堵水后能够正常生产；层间矛盾突出、干扰严重，层间动用差异较大；接替的低渗透层动用程度较低，剩余油相对富集。

4)分步射孔井选井原则

油层之间水淹状况差异较大、渗透率μm^2以上、含水饱和度大于75%的层段不射孔；分步射孔井射开有效厚度应占开采层位的30%～60%；分步射孔井射开有效厚度应大于2m，达到一定的产能。

3. 聚合物/三元复合驱注入井不同措施类型

1)注入井压裂

按照压裂目的不同分为提高注入能力和改善油层动用状况两大类。其中注聚合物初期和中期主要以提高注入能力为主，注聚合物后期主要以改善油层动用状况为主。

2)注入井深度调剖

为了调整注入井吸水剖面，改善化学驱油效果，提高化学药剂利用率，向地层中、高渗透层吸水能力较强的部位或层段注入化学剂，降低中、高渗透层的渗透率，提高低渗透油层的吸水能力，改善油层动用状况。

4. 措施井的生产管理

及时录取各项资料，依据动态变化进行调整；及时跟踪吸水剖面，分析油层动用状况，对措施见效的注入井，及时实施方案调整，努力保证措施效果；落实分析目的井及其周围采出井泵况和抽汲参数，合理进行调整，发挥措施的时效性。

第四节　套损防护

一、套管损坏的类型

套管损坏的形态主要有四种：变形、错断、破裂、外漏。凡经过作业施工打铅印证实，当套管内径小于原套管内径93%时，就被定义为套损井（正常套管内径为124mm，套管损坏即套管内径<116mm），同时，根据铅模端面的套管印痕最终确定套损类型。

二、套管损坏的检测方法

（一）取套检测

取套检测法是最直接了解套管变形的一种方法。但该方法工艺复杂、难度大、施工时间长、费用高、很难大面积推广。

(二)通径、打铅印检测

通径、打铅印测量变形的形态和位置,是最直接有效的反映套管变化情况的方法。目前现场大量应用的是通径规和打铅印。

(三)微井径仪检测

微井径仪主要用于检测套管内径变化。该仪器是电阻式转换测量仪器,其主要原理是当套管内径改变使微井径电桥阻值改变,能够放大地面仪表记录,并相应转化成井径值,即可得到随井深不同的井径变化曲线。

(四)电磁探伤仪检测

电磁探伤仪是一种采用电磁法测量的仪器,主要用途是检查井下套管的质量状况,确定套管内壁或外壁腐蚀、缺损和套管内径的变化。

(五)井壁超声成像测井仪检测

井壁超声成像测井仪是20世纪80年代发展的一种新型仪器,主要用于在套管内诊断套管错断、变形、破裂、套漏等各种类型损坏的情况。该仪器由两大部分组成:井下仪器和地面仪器。通过铅模打印印痕与小直径陀螺测斜仪和单照井斜仪组合测定套损方位。

三、套管损坏的机理

(一)区块间地层压差大导致地层滑移

在相邻区块地层压力相差较大的情况下,基于浮托理论,高孔隙压力可相对增加地层斜面上的剪切力,导致岩体位移、套管损坏。

(二)标准层水侵滑移

标准层油页岩水平层理发育,具有硬岩性薄弱面的特点,当注入水窜入标准层时,会沿着密集叠置的介形虫和叶肢介等古生物化石层理面扩散,形成水侵域,使泥岩容易整体成片开裂,当岩石受到剪切应力作用时,就会沿标志层的化石薄弱面进行应力释放,导致成片套损。

(三)构造特殊部位应力集中

依据构造应力理论,认为在构造轴部、断层附近应力集中,注水采油过程中引起扰动应力变化,易使套管损坏。

(四)超压注水

高压注水、超破裂压力注水容易导致套管损坏。

（五）热胀冷缩

基于热胀冷缩原理，即注水降低了岩石的温度，使水平周向应力降低，易使套管损坏。

（六）腐蚀

高矿化度的地层水、硫酸氢根、硫酸还原菌、硫化氢和电化学等腐蚀，导致套管损坏。

（七）其他因素

套管本身质量不好、固井质量差、射孔或压裂工艺不当等工程因素以及井下作业维修过程中操作不平稳等。

四、套管损坏的原因

套管损坏是油田开发过程中多种因素长时间作用造成的，不同时期套损所反映的主要矛盾不同，套损的核心是系统压力问题，包括注水压力、油层压力以及它们之间的匹配优化。

（一）非油层部位的套损原因

非油层部位套管损坏给油田开发带来的危害最大，历史套损高峰期套损层位均集中在嫩二段底部油页岩部位。

1. 地质因素

大庆油田嫩二段厚200m左右，为大段的黑色、灰黑色泥岩和页岩，底部夹油页岩，在全区稳定分布，为大庆长垣一级标准层。全层含介形虫、叶肢介和蚌化石。属姚家—伏龙泉沉积旋回，沉积环境为深湖—较深湖相。从标准层油页岩结构看，其水平层理发育，沿水平层理分布大量密集介形虫、叶肢介化石，化石面存在微裂缝，有助于注入水的迅速侵入，形成不断扩大的水侵域。通过取心资料观察，2.5m视电阻率前三个峰对应井径没有扩径与缩径现象，岩心观察显示岩石强度较硬，实验室检测钙质含量高。从第四个峰开始有一段明显的扩径，岩心观察显示岩性疏松，泥质含量高。因此，嫩二段套损主要发生在2.5m视电阻率第三、四尖峰之间岩性变化交界面上。

2. 开发因素

注入水窜入地层造成非油层部位套管损坏。一是注入水通过固井质量差、嫩二底错断、报废不彻底的注水井窜入嫩二段底部油页岩中，形成水侵域，降低了油页岩的抗剪强度；二是超上覆岩压注水和注采比过高，导致注入水窜入嫩二段底部油页岩；三是区块内部地层压力失衡导致成片套损。

(二)油层部位的套损原因

1. 地质因素

萨零～萨Ⅰ夹层、萨Ⅰ～萨Ⅱ夹层具有与嫩二段标准层相类似的特点,发育有不同富集程度的化石层,套管损坏主要发生在富集的化石层面上。套管损坏主要发生在含油粉细砂岩中泥岩夹片、密集的生物屑钙层(尖)的化石层界面、厚层泥岩中钙泥界面、砂泥岩界面、粉细砂岩中钙砂界面。

2. 开发因素

油水井套管损坏的分析资料表明,导致油层部位套管损坏的原因是多方面的,主要与开发注水有关的共有四种类型。

1)超压注水造成油层部位套管损坏

杏北开发区自投入开发以来按照注水压力的变化可分为:低压注水、增压注水、高压注水、转抽降压、压力调整、提压注水、压力调整七个不同开发阶段。在不同的开发阶段,注水压力的变化与套管损坏的速度密切相关。当注水压力低于原始地层压力,没有套损井出现;当注水压力超过上覆岩层压力,套损井数激增;当注水压力在原始地层压力和油层上覆岩层压力之间,套损井数处于稳定状态。

2)异常高压层造成油层部位套管损坏

异常高压层是造成油层部位套损的主要原因,在注水开发过程中,形成异常高压层的主要原因是单砂体注采关系不完善,表现形式为:注大于采、有注无采、厚注薄采或高注低采。其中,以注大于采形成异常高压层为主。

3)固井质量差导致注入水上窜至油层上部夹层

固井质量是保护套管不受剪切力作用的第一道屏障,因此,固井质量差不仅使套管的被保护程度减低,也会成为注入水上窜的通道,增大套损发生的概率。

4)断层面水侵导致地层滑移

因断层面水侵,两个区块间压力不平衡,导致断层面滑移,造成断层面油水井套损。这类套损井的平面分布不受油层限制,而是顺着断层面延伸。注入水进入断层面,在断层两侧压差作用下,断层上下盘产生滑移,致使断层区域油水井套损。

(三)套损原因分析流程

套损井发现后,要按照“周分析”制度,在一周之内分析完套损形成原因,采油矿套损防护员及地质技术员要配合地质大队套损组进行套损井原因分析。

套损原因分析流程如下:

(1)准备“两表、三图、一曲线”基础资料。两表即套损成因分析表和生产数据表;三图即沉积相带图、套损状况图和压力分布图;一曲线即注采曲线。

(2)查找套损发现前的最后一次作业时间,判断套损发生时间。

(3)落实套损层位，绘制井区套损状况图。其中，非油层部位套损，要圈定水侵域范围，判断进水源头；油层部位套损，要分析油层压力分布状况及单砂层注采关系；断点附近套损，要应用断层面图查找断层进水源头。

(4)依据分析结果制订并组织实施防治措施。

五、套管损坏的防护措施

套管防护工作是一项系统工程，贯穿于油田开发的全过程，包括方案编制与产能建设、综合调整、施工作业、注水井管理等方面。

(一)方案编制与产能建设方面

1. 油田开发方案编制

(1)布井时，沿断层两侧第一排井原则上不布注水井；

(2)注采关系要完善，避免出现有注无采的井区；

(3)易套损区要提出保护套管的措施要求。

2. 区块钻井设计

(1)易套损井段，增加套管钢级；

(2)嫩二底套损区，油页岩标准层不封固；

(3)浅部易腐蚀区，应采取套管防腐措施；

(4)结合钻井区块地质开发情况，制订钻关方案。

3. 射孔方案编制

(1)提高注采对应率，禁止单砂体有注无采；

(2)断层附近井射孔时，在固井质量良好的前提下，采油井在断点上下原则上各留出2m不射孔井段，注水井在断点上下各留2～5m不射孔井段；

(3)新注水井在原套损报废井的套损点深度上下，各保留一个独立砂岩层不射孔。

4. 钻井运行

(1)合理安排钻井运行，避免重复关控；

(2)断层两侧同时钻井时，应同步关井降压；

(3)钻井过程中发生嫩二底水侵时，应溢流泄压至井口无溢流量；

(4)采取有效措施，不断提高固井质量。

5. 新井射孔投产

(1)注水井射孔前清水试压30min不降，长垣及南部地区试压15MPa，外围油田葡萄花油层及朝阳沟油田扶杨油层试压20MPa，外围其他油田扶杨油层、高台子油层试压25MPa，录取好现场资料后方可射孔。

(2)射孔作业过程中发生遇阻无法处理时，应终止作业施工，立即通知采油生产单位。

(3)新建产能区块要制订油水井投产时间间隔，一般不超过30d。

(二)油田综合调整方面

(1)明确规定地层压力年升降幅度。

① 水驱开发区块，平均地层压力年升降幅度不超过0.3MPa；

② 三次采油区块，平均地层压力年升降幅度应保持在0.5MPa以内；

③ 断层两侧区块地层压力差原则上不超过0.8MPa。

(2)精细注水方案调整。

① 对高压井和低压井应进行调整；

② 各采油生产单位应根据套损实际情况，制订萨Ⅱ4及以上油层的注水强度上限。

(3)明确修复井注水层位及压力。

① 套损点在油层部位的，套损部位应单卡停注；

② 嫩二底成片套损区，应按照套损点计算允许注水压力值。

(4)嫩二底集中套损井，应在套损形势稳定后进行治理。

(三)施工作业方面

(1)油水井作业过程中，发现套管有问题时，应进行打铅模落实套管损坏深度、变径及性质，并根据需要采用测井径或找漏等方法查明套管损坏的方位和漏点位置。

(2)强化注水井作业。

① 井口压力达不到施工要求时，应关井降压或采用带压作业施工；

② 作业施工过程中遇卡时，不允许超负荷施工；

③ 在射孔顶界以上10m下入保护封隔器。

(3)无法修复利用的注水井，应进行工程报废。

(4)转注井在试注、试配前，应查清套管技术状况，证实无问题后方可注水。

(四)注水井管理方面

(1)严格执行"四个严禁"的要求，即严禁超破裂压力注水，严禁注水异常井注水，严禁井况不清井注水，严禁套损井不报废或报废不彻底进行侧斜或更新。

(2)出现下列情况之一时，执行四级报警制度(值班工人发现问题要立即报告采油队；采油队技术员在24h内进行核实，确认后立即停注并上报地质大队；地质大队会同厂有关部门在3个工作日内查清问题性质并确定相应的措施；如果出现成片套损区,在 7 个工作日内上报油田公司开发部)。

① 注水压力不变、注水量增加 30% 以上;

② 注水量不变、注水压力下降 1MPa 以上;

③ 三次采油区块在注入压力上升阶段,注入压力不升;

④ 测试中仪器遇阻无法施工时,测试队应立即通知采油生产单位。

(3) 发现注入井套损后及时采取如下措施:

① 套管错断和破漏的井应关井停注;

② 证实套管变形但无注入水窜到泥岩段时,变形井段应停注,其他注水井段可正常注水;

③ 对于嫩二底标准层套损井,立即将周围 300m 以内的注水井夏季停注、冬季控制在 $20m^3/d$ 以下注水,并在 15d 内完成井况调查,查找进水源头。对调查无问题的井恢复注水。

(4) 工程报废井应做好井口标识,并纳入“四类井”管理。对于暂不能实施工程报废的注水井,应根据实际情况确定周围注水井停注范围,待套损井工程报废后,停注井恢复注水。

六、监测方法

(一) 时间推移测井

(1) 未发生成片套损的区块,监测井数每年不少于 3 口井;

(2) 成片套损区治理后恢复生产的区块,监测井数每年不少于 5 口井;

(3) 成片套损区在不稳定期间,监测井数应占该区总井数的 2% ~5%。

(二) 干扰试井

无通道报废的注水井,在更新或侧斜后,应实施井间干扰试井,若报废不彻底,应关井停注。

(三) 同位素测试

注水井投注初期,3 个月内应进行同位素测试,检查管外是否窜槽。

第六章 地质管理

本章主要介绍地质资料和现场监督管理方面的标准、规定及要求。采油地质技术员应全面掌握油水井资料录取内容、填报方式和保存要求,清楚现场监督检查内容、标准和目标。

第一节 资料管理

一、水驱油水井资料录取

(一)抽油机井资料录取内容及要求

抽油机井录取产液量、油管压力、套管压力、电流、采出液含水率、示功图、动液面(流压)、静压(静液面)八项资料。

1. 产液量录取要求

采用玻璃管、流量计量油方式。日产液量≤20t 的采油井,每月量油 2 次,两次量油间隔不少于 10d;日产液量 >20t 的采油井,每 10d 量油 1 次,每月量油 3 次。分离器(无人孔)直径为 600mm,玻璃管量油高度为 40cm;分离器直径为 800mm,玻璃管量油高度为 50cm;分离器直径为 1000mm、1200mm,玻璃管量油高度为 30cm。采用流量计量油方式,每次量油时间为 1~2h。

对于不具备玻璃管、流量计计量条件以及冬季低产井,可采用示功图法、液面恢复法、翻斗、计量车、模拟回压称重法等量油方式。日产液量 >10t 的采油井,每月量油 2 次;日产液量 ≤10t 的采油井,每月量油至少 1 次,两次量油间隔为 20~40d。其中,采用液面恢复法量油每次不少于 3 个点,且对于日产液量≤1t 的采油井,每季度量油至少 1 次,发现液面变化超过 ±100m 等异常情况进行加密量油。措施井开井后,一周内量油至少 3 次。对采用玻璃管、流量计量油方式且日产液量 >20t的措施井应加密量油,一周内量油至少 5 次。

2. 量油值的选用

对新井投产、措施井开井,每次量油至少 3 遍,取平均值,直接选用;对无措施正常生产井每次量油 1 遍,量油值在波动范围内,直接选用。超过量油波动范围,连续复量至少 2 遍,取平均值。对变化原因清楚的采油井,量油值与变化原因一致,当天量油值可直接选用;对变化原因不清楚的采油井,当天产液量借用上次量油值，应第二天复量油1次，至少3遍，取平均值，产液量选用接近上次量油值，并落实变化原因。

日产液量计量的正常波动范围：日产液量≤1t，波动不超过±50%；1t＜日产液量≤5t，波动不超过±30%；5t＜日产液量≤50t，波动不超过±20%；50t＜日产液量≤100t，波动不超过±10%；日产液量＞100t，波动不超过±5%。

注意：抽油机井开关井，生产时间及产液量扣除当日关井时间及关井产液量。当抽油机停机自喷生产时，资料录取按自喷井进行管理。

3. 抽油机井热洗扣产要求

对采用热水洗井的采油井：日产液量≤5t，热洗扣产4d；5t＜日产液量≤10t，热洗扣产3d；10t＜日产液量≤15t，热洗扣产2d；15t＜日产液量≤30t，热洗扣产1d；日产液量＞30t，热洗扣产12h。对采用原井筒液或热油洗井的采油井，热洗不扣产；热洗井均不扣生产时间。

4. 油管压力、套管压力录取要求

正常情况下油管压力、套管压力每10d录取1次，每月录取3次。对环状、树状流程首端井、栈桥井等应加密录取，定压放气井控制在定压范围内。压力表的使用和校验：对于固定式压力表，传感器为机械式的压力表每季度校验1次，传感器为压电陶瓷等电子式的压力表每年校验1次。对于快速式压力表，传感器为机械式的压力表每月校验1次，传感器为压电陶瓷等电子式的压力表每半年校验1次。压力表使用中发现问题及时校验。

5. 电流录取要求

正常生产井每天测1次上、下冲程电流。电流波动大的井应核实产液量、泵况等情况，查明原因。

6. 采出液含水率录取要求

取样时避免掺水等影响资料的录取，双管掺水流程采油井应先停掺水后取样，井口停掺水至少5min或计量间停掺水10～30min。采出液在井口取样，先放空，见到新鲜采出液，一桶样分3次取完，每桶样量取够总桶的1/2～2/3。对非裂缝油藏未见水或采出液含水率＞98%的采油井每月取样1次；对0%＜采出液含水率≤98%及裂缝油藏的采油井每月录取3次含水资料，且月度取样与量油同步次数不少于量油次数。

7. 含水率值的选用要求

对新井投产、措施井开井的采油井，取样与量油同步，含水率值直接选用；对无措施正常生产井，含水率值在波动范围内，直接选用。含水率值超过波动范围，对变化原因清楚的采油井，采出液含水率值与变化原因一致，当天含水率值可直接选用;对变化原因不清楚的采油井,当天采出液含水率借用上次化验采出液含水率值,应第二天复样,选用接近上次采出液含水率值,并落实变化原因。

采出液含水率的正常波动范围:采出液含水率≤40%,波动不超过±3%;40%<采出液含水率≤80%,波动不超过±5%;80%<采出液含水率≤90%,波动不超过±4%;采出液含水率>90%,波动不超过±3%。

8. 示功图、动液面(流压)录取要求

正常生产井示功图、动液面每月测试1次,两次测试间隔不少于20d,不大于40d。示功图与动液面(流压)测试应同步测得,并同步测得电流、油管压力、套管压力资料。发现异常情况及时测试。日产液量≤5t的采油井,动液面波动不超过±100m;日产液量>5t的采油井,动液面波动不超过±200m。超过波动范围,落实原因或复测验证。措施井开井后3~5d内测试示功图、动液面,并同步录取产液量、电流、油管压力、套管压力资料。测试仪器每月校验1次。

9. 静压(静液面)录取要求

动态监测定点井每半年测1次静压,两次测试间隔时间为4~6个月。在正常生产情况下,液面恢复法压力波动不超过±1.0MPa,压力计实测静压波动不超过±0.5MPa,超过范围落实原因,原因不清应复测验证。

10. 间抽井资料录取要求

能够满足月度资料录取要求的采油井,按照月度资料录取要求录取相关资料;不能满足月度资料录取要求的采油井,在开井周期内按资料录取间隔时间要求录取资料。间抽井资料选取生产稳定时有代表性的资料。

(二)螺杆泵井资料录取内容及要求

螺杆泵井录取产液量、油压、套压、电流、采出液含水、动液面(流压)、静压(静液面)七项资料。正常生产井每天录取1次电流。电流波动大的井应核实量油、泵况等情况,落实原因。除电流外其余六项资料录取要求见抽油机井资料录取要求。

(三)电泵井资料录取内容及要求

电泵井录取产液量、油管压力、套管压力、电流、采出液含水、动液面(流压)、静压(静液面)七项资料。除油套压和电流外,其余四项资料录取要求见抽油机井资料录取要求。

1. 油管压力、套管压力录取要求

正常情况下油管压力、套管压力每5d录取1次,每月录取6次,异常情况应加密录取。压力表的使用和校验要求见抽油机井压力表使用和校验要求。

2. 电流录取要求

生产井每天录取1次电流。采用纸质电泵卡片的正常井每周更换1张卡片，异常井每天更换1张卡片，措施井开井后每天更换1张卡片，连续7d。采用多功能保护器等存储电流资料的正常井每周录取回放1次，异常井及措施井开井每天录取回放1次，连续7d。

（四）提捞采油井资料录取内容及要求

提捞采油井资料录取要求执行Q/SY DQ1268—2009《提捞采油施工操作规范》的规定。

（五）自喷井资料录取内容及要求

自喷采油井录取产液量、油管压力、套管压力、采出液含水率、流压、静压六项资料。除流压、静压外，其余四项资料录取要求见抽油机井录取要求。

流压每半年测1次，两次测试间隔时间为4~6个月。动态监测定点井每年测静压1次，两次测试间隔时间不少于8个月。在正常生产情况下，同一生产制度，流压波动不超过±0.5MPa，静压波动不超过±0.5MPa，超过范围落实原因，原因不清应复测验证。

（六）注水井资料录取内容及要求

注水井录取注水量、油管压力、套管压力、泵压、静压、分层流量测试、洗井、水质八项资料。

1. 注水量录取要求

注水井开井每天录取注水量。对能够完成配注的注水井，日配注量≤$10m^3$，日注水量波动不超过±$2m^3$；$10m^3$ < 日配注量≤$50m^3$，日注水量波动不超过配注的±20%；日配注量>$50m^3$，日注水量波动不超过配注的±15%，超过波动范围应及时调整。对完不成配注的注水井，按照接近允许注水压力注水或按照泵压注水。水表发生故障应记录水表底数，按油管压力估算注水量，估算时间不得超过48h。关井30d以上的注水井开井，按相关方案要求逐步恢复注水。分层注水井封隔器不密封和分层测试期间不得计算分层水量，待新测试资料报出后，从测试成功之日起计算分层水量。注水井放溢流时，采用流量计或容器计量，溢流量从该井日注水量或月度累计注水量中扣除。干式计量水表每半年校验1次，涡街式电子水表每两年校验1次。使用其他新式仪表，按要求定期校验。

2. 油管压力、套管压力、泵压录取要求

油管压力录取要求：注水井开井每天录取油管压力，注水井关井1d以上，在开井前应录取关井压力。注水井钻井停注期间每周录取1次关井压力。

套管压力录取要求：下套管保护封隔器井和分层注水井每月录取1次，两次录取时间相隔不少于15d。发现异常井加密录取，落实原因。措施井开井一周内录取套管压力3次。冬季11月1日至次年的3月31日可不录取套管压力。

泵压录取要求：注水井泵压在监测井点每天录取1次。注水井压力表的使用和校验见抽油机井相关要求。

3. 静压录取要求

动态监测定点井每年测静压1次，静压波动不超过±1.0MPa，超过波动范围落实原因，原因不清应复测验证。

4. 分层流量测试录取要求

正常分层注水井每4个月测试1次，分层测试资料使用期限不超过5个月。正常注水井发现注水超现场与测试注水量规定误差，应落实变化原因，在排除地面设备、仪表等影响因素后，在两周内进行洗井或重新测试。分层注水井测试提前3d以上进行洗井，洗井后注水量稳定方可测试。注水井分层测试前，试井队使用的压力表与现场使用的压力表要进行比对，电子流量计测取的井口压力与现场录取的油管压力进行比对，压力差值不超过±0.2MPa。超过波动范围落实原因，整改后方可测试。注水井分层测试前，井下流量计和地面水表的注水量进行比对，以井下流量计测试的全井注水量为准，日注水量≤$20m^3$，两者差值不超过±$2m^3$；$20m^3$<日注水量≤$100m^3$，两者误差不超过±8%；$100m^3$<日注水量≤$200m^3$，两者差值不超过±$8m^3$；日注水量>$200m^3$，两者差值不超过±$16m^3$。超过波动范围落实原因，整改后方可测试。关井30d以上的分层注水井开井后，在开井2个月内完成分层流量测试。笼统注水井要求每年测指示曲线1次。

5. 洗井资料录取要求

注水井洗井按Q/SY DQ0921—2010《注水(入)井洗井管理规定》的规定执行，记录洗井方式、洗井时间、洗前及洗后水表底数、溢流量。

6. 水质录取要求

注水水质监测定点井每月取水样1次，按Q/SY DQ0605—2006《大庆油田油藏水驱注水水质指标及分析方法》的规定进行化验。

7. 周期注水井资料录取要求

除分层流量测试资料在关井30d以上开井后，要求2个月内完成分层流量测试外，其他资料录取要求同正常注水井。

(七)新井投产前后资料录取内容及要求

投产前录取的资料包括射孔日期和射孔方式、枪型、射孔层位、分层射孔孔数及孔密、未发射弹数、一次引爆弹数、钻井液浸泡时间、替喷水量及过油管射孔井的钻井液替出情况。其中，钻井液替出情况包括替入清水量、替钻井液时油管下入深度、停止替钻井液时出口水质。

(1)新井投产后第一个季度内选取15%以上的监测井测压力恢复曲线。

(2)抽油机井选取25%以上监测井半年内进行分层测试找水1次。

(3)注水井投注后测1次指示曲线，在分层配注前根据需要测1次同位素吸水剖面，为分层提供依据。

(4)采油井选取定点监测井做1次油样分析、气分析，见水井做1次水分析。

(5)新井投产后量油、取样化验同措施井要求。

二、聚合物驱油水井资料录取

(一)聚合物驱采出井资料录取内容及要求

聚合物驱抽油机井录取产液量、油管压力、套管压力、电流、采出液含水率、示功图、动液面(流压)、静压(静液面)、采出液聚合物浓度、采出液水质十项资料。

聚合物驱螺杆泵井录取产液量、油管力压、套管压力、电流、采出液含水率、动液面(流压)、静压(静液面)、采出液聚合物浓度、采出液水质九项资料。

聚合物驱电泵井录取产液量、油管压力、套管压力、电流、采出液含水率、动液面(流压)、静压(静液面)、采出液聚合物浓度、采出液水质九项资料。

1. 产液量、油管压力、套管压力、电流、示功图、动液面(流压〉、静压(静液面)资料录取要求

聚合物驱抽油机井、螺杆泵井、电泵井的产液量、油管压力、套管压力、电流、示功图、动液面(流压)、静压(静液面)的录取要求按水驱的规定执行。

2. 采出液含水率录取要求

聚合物驱采出井在空白水驱和后续水驱阶段的采出液含水率资料录取要求按水驱规定执行。

在见效后应加密取样，每5d取样化验采出液含水率1次，每月录取6次含水率资料，且月度取样与量油同步次数不少于量油次数。

含水率下降阶段，含水率值下降不超过5%，可直接采用；含水率值下降超过5%，当天含水率借用上次采出液含水率值，并于第二天复样，选用接近上次含水率值。

在含水率上升过程中，含水率上升值不超过3%，可直接采用；含水率值上升超过3%，当天含水率借用上次采出液含水率值，并于第二天复样，选用接近上次含水率值，并落实变化原因。

含水处于稳定或上升阶段，含水率值波动不超过水驱规定的采出液含水率的正常波动范围，可直接采用；含水率值超波动范围，当天含水率借用上次采出液含水率值，并于第二天复样，选用接近上次含水率值，并落实变化原因。

3. 采出液聚合物浓度录取要求

采出液未见聚合物采出井，采出液聚合物浓度每月化验 1 次；采出液见聚合物采出井，采出液聚合物浓度每月化验 2 次，两次间隔不少于 10d，与采出液含水率同步录取，采出液聚合物浓度值直接选用。当采出液含水率加密录取时，根据开发要求，适当选取部分样品同步进行采出液聚合物浓度化验，并同步选用采出液含水率值与采出液聚合物浓度值。

4. 采出液水质录取要求

采出液见聚合物采出井，采出液水质每月化验 1 次，与采出液含水率同步录取，采出液水质资料直接选用。当采出液含水率加密录取时，根据开发要求，适当选取部分样品同步进行采出液水质化验，并同步选用采出液含水率值与采出液水质数据。

5. 间抽井资料录取要求

抽油机间抽井资料录取要求按水驱的规定执行。

（二）聚合物驱注入井资料录取内容及要求

1. 聚合物驱注入井资料录取内容

聚合物驱注入井录取母液注入量、注水量、油管压力、套管压力、泵压、静压、分层流量测试及注入液聚合物浓、黏度九项资料。

2. 油管压力、套管压力、泵压、静压、分层流量测试录取要求

聚合物驱注入井油管压力、套管压力、泵压、静压、分层流量测试录取要求按水驱的规定执行。

3. 母液注入量、注水量录取要求

注入井开井每天录取母液注入量、注水量。对能够完成配注的注入井，日配母液注入量≤$20m^3$，母液注入量波动不超过 $\pm 1m^3$；日配母液注入量 >$20m^3$，母液注入量不超过配注的 ±5%，超过波动范围应及时调整。对完不成配注的注入井，按照接近允许注入压力注入母液或按照泵压注入母液。

注水量按照注入井方案配比调整注水，配比误差不超过 ±5%。关井 30d 以上的注入井开井，按相关方案要求逐步恢复注水。分层注入井封隔器不密封和分层测试期间不得计算分层水量，待新测试资料报出后，从测试成功之日起计算分层注入量。注入井放溢流时，采用流量计或容器计量，溢流量从该井日注入量或月度累

计注入量中扣除。

电磁、涡街流量计每两年校验1次。流量计发生故障应记录底数，按油管压力估算注入量，估算时间不得超过24h。

4. 注入液聚合物浓度、黏度录取要求

每年4—10月，注入液聚合物浓度、黏度井口取样每月2次，两次间隔时间在10d以上；冬季11月1日至次年3月31日，每月录取至少1次。注入聚合物浓度、黏度正常波动范围为±10%。在波动范围内，直接选用。超过波动范围，对变化原因清楚的注入井，注入聚合物浓度、黏度波动与变化原因一致，当天注入聚合物浓度、黏度值可直接选用；对变化原因不清楚的注入井，第二天复样，选用接近上次采用的浓度、黏度值，并落实变化原因。

5. 周期注入井资料录取要求

周期注入井资料录取要求按水驱的规定执行。

三、三元复合驱油水井资料录取

(一)三元复合驱注入井资料录取内容及要求

三元复合驱注入井录取母液注入量、注水量、油管压力、套管压力、泵压、静压、分层流量测试及注入液(聚合物、碱、表面活性剂)浓度、注入体系界面张力、注入体系黏度等资料。

1. 油管压力、套管压力、泵压、静压、分层流量测试录取要求

三元复合驱注入井油管压力、套管压力、泵压、静压、分层流量测试录取要求按水驱的规定执行。

2. 母液注入量、注水量录取要求

注入井开井每天录取母液注入量、注水量。对能够完成配注的注入井，聚合物母液日配注入量$\leqslant 20m^3$，母液注入量波动不超过$\pm 1m^3$；聚合物母液日配注入量$>20m^3$，母液注入量波动范围为配注量的±5%；碱母液量波动范围为配注量的$-10\% \sim +20\%$；表面活性剂母液量波动范围为配注量的$-10\% \sim +20\%$，超过波动范围应及时调整。对完不成配注的注入井，按照接近允许注入压力注入母液或按照泵压注入母液。由于流程及其他原因无法直接计量，根据当日化验浓度进行计算。

注水量按照注入井方案调整，误差不超过±5%。关井30d以上的注入井开井，按相关方案要求逐步恢复注水。

分层注入井封隔器不密封和分层测试期间不得计算分层水量，待新测试资料报出后，从测试成功之日起计算分层注入量。

注入井放溢流时，采用流量计或容器计量，溢流量从该井日注入量或月度累计注入量中扣除。

电磁、涡街流量计每两年校验1次。流量计发生故障应记录底数，按油管压力估算注入量，估算时间不得超过24h。

3. 注入液(聚合物、碱、表面活性剂)的浓度、黏度、界面张力的录取

注入液(聚合物、碱、表面活性剂)的浓度、黏度、界面张力井口取样每月2次，两次间隔时间在10d以上，在母液浓度稳定的情况下，聚合物注入浓度、黏度正常波动范围为±10%，碱和表面活性剂正常波动范围为±5%。在波动范围内，直接选用。超过波动范围，对变化原因清楚的注入井，注入液浓度、黏度波动与变化原因一致，当天注入液浓度、黏度值可直接选用；对变化原因不清楚的注入井，第二天复样，选用接近上次采用的浓度、黏度值，并落实变化原因。

4. 周期注入井资料录取要求

周期注入井资料录取要求按水驱的规定执行。

5. 井口界面张力稳定性录取要求

试验区块，复合驱阶段每月取注入井数10%以上的井进行井口界面张力稳定性评价；工业化区块，复合驱阶段每月取注入井数5%以上的井进行井口界面张力稳定性评价。

(二)三元复合驱采出井资料录取内容及要求

三元复合驱抽油机井、螺杆泵井、电泵井录取产液量、油管压力、套管压力、电流、采出液含水率、示功图、动液面(流压)、扭矩、泵效、有功功率、系统效率、采出液聚合物浓度、采出液表面活性剂浓度、采出液碱浓度、采出液水质及硅、铝离子含量等资料。

1. 油管压力、套管压力、电流、示功图、动液面(流压)、扭矩、泵效、有功功率、系统效率资料录取要求

三元复合驱抽油机井、螺杆泵井、电泵井的产液量、油管压力、套管压力、电流、示功图、动液面(流压)、扭矩、泵效、有功功率、系统效率录取要求按水驱的规定执行。

2. 采出液含水率录取要求

三元复合驱采出井在空白水驱和后续水驱阶段的采出液含水率资料录取要求按水驱的规定执行。

在见效后应加密取样，每5d取样化验采出液含水率1次，每月录取6次含水率资料，且月度取样与量油同步次数不少于量油次数(正常生产井每5d量油1次)。

含水率下降阶段，含水率值下降不超过5%，可直接采用；含水率值下降超过5%，当天含水率借用上次采出液含水率值，并于第二天复样，选用接近上次含水率值。

在含水率上升过程中，含水率上升值不超过2%，可直接采用；含水率值上升超过2%，当天含水率借用上次采出液含水率值，并于第二天复样，选用接近上次含水率值，并落实变化原因。

含水率处于稳定或上升阶段，含水率值波动不超过水驱规定的采出液含水率的正常波动范围，可直接采用；含水率值超波动范围，当天含水率借用上次采出液含水率值，并于第二天复样，选用接近上次含水率值，并落实变化原因。

3. 采出液的聚合物、碱、表面活性剂浓度录取要求

采出液未见聚合物、碱、表面活性剂采出井，采出液聚合物、碱、表面活性剂浓度每月化验1次；采出液见聚合物、碱、表面活性剂采出井，采出液聚合物、碱、表面活性剂浓度每月化验2次，两次间隔不少于10d，与采出液含水同步录取，采出液聚合物、碱、表面活性剂浓度值直接选用。

当采出液含水率加密录取时，根据开发要求，适当选取部分样品同步进行采出液聚合物、碱、表面活性剂浓度化验，并同步选用采出液含水率值与采出液聚合物、碱、表面活性剂浓度值。

4. 采出液水质录取要求

采出液见聚合物、碱、表面活性剂采出井，采出液水质每月化验1次，与采出液含水率同步录取，采出液水质资料直接选用。

当采出液含水率加密录取时，根据开发要求，适当选取部分样品同步进行采出液水质化验，并同步选用采出液含水率值与采出液水质数据。

按照方案要求，定期检测硅、铝等离子含量。

5. 间抽井资料录取要求

抽油机间抽井资料录取要求按水驱的规定执行。

四、资料填报

（一）资料填写方式

（1）采油（气）、注水（入）井班报表、原始化验分析成果等原始资料采用手工方式录入或填写。

（2）综合资料应用中国石油天然气股份有限公司油气水井生产数据管理系统（A2）[以下简称油气水井生产数据管理系统（A2）]生成，其他资料通过手工填写或输入计算机。

(二)资料的手工填写

(1)纸制原始资料要求用蓝黑墨水钢笔或黑色中性笔填写,同一张报表字迹颜色相同。

(2)原始资料填写内容按资料录取有关规定及时准确地填写,数据或文字正规书写,字迹清晰工整,内容齐全准确,相同数据或文字禁止使用省略符号代替。

(3)采油井班报表产液量单位为吨(t),数据保留1位小数;压力单位为兆帕(MPa),数据保留2位小数;采出液含水率为百分比数值,无量纲,数据保留1位小数。注水(入)井班报表注水(入)量单位为立方米(m^3),数据保留整数位;压力单位为兆帕(MPa),数据保留1位小数。采气井班报表产气量单位为万立方米(10^4m^3),数据保留4位小数;压力单位为兆帕(MPa),数据保留2位小数。其他数据按相关要求保留小数位。

(4)原始资料中的采油(气)、注水(入)井井号、油层层号按规范要求书写,如杏1-1-25;油层号标明油层组、小层号,如萨Ⅱ2、葡Ⅰ3等。

(5)班报表除按规定内容填写外,还要求把当日井上的工作填写在报表备注栏内,例如,测试、测压、施工内容、设备维修、仪器(仪表)校对、洗井、检查油嘴、取样、量油、气井排水等,开关井填写开、关井时间,注水(入)井填写开、关井时的流量计底数。

(6)采油(气)、注水(入)井措施关井,应扣除生产时间。抽油机井热洗填写洗井时间、压力、温度等相关数据。注水(入)井洗井时,填写洗井时间、进出口流量、溢流量或漏失量等相关数据。注水(入)井放溢流填写溢流量。

(7)原始资料若发现数据或文字填错后,进行规范涂改,在错误的数据或文字上划"—",把正确的数据或文字整齐清楚地填在"—"上方。

(8)班报表要求岗位员工签名。

(三)资料的录入

采油(气)、注水(入)井班报表、原始化验分析成果等数据录入油气水井生产数据管理系统(A2)。

注意:对于取消纸质报表的按照相关规定执行。

五、资料的整理和上报

(一)采油(气)、注水(入)井班报表的整理和上报

(1)采油(气)、注水(入)井班报表录入完成后,要求当日上传到服务器。

(2)资料室负责审核整理采油(气)、注水(入)井班报表,并上传到油气水井生产数据管理系统(A2)。

(3)资料室负责应用油气水井生产数据管理系统(A2)生成采油(气)井、注水(入)井生产日报,并在当日审核上报。

(二)采油(气)、注水(入)井月度井史的整理和上报

(1)采油(气)、注水(入)井月度井史由资料室负责应用油气水井生产数据管理系统(A2)生成。

(2)采油(气)、注水(入)井月度井史,除按规定内容填写外,应把压裂、堵水、大修、转抽、转注等重大措施,常规维护性作业施工内容及发生井下事故、井下落物、井况调查的结论,以及地面流程改造等重大事件随时记入大事记要栏内。

(3)新投产、投注井在投产后两个月内,把钻井、完井、测试、化验等资料录入井史。

(4)资料室负责每月底最后一日将当月月度井史数据审核上报。

(5)资料室负责单井年度井史在次年一月份打印整理。

(三)化验分析资料的整理和上报

(1)矿(作业区)的化验室负责所属采油井采出液含水率测定以及采气井采出气体的组分化验和采出液的水质分析化验。厂或注入队的化验室负责所属采油井采出液含水率、含碱量、含表面活性剂量等化验及浓度、黏度等测定,注入液含碱量、含表面活性剂量等化验及浓度、黏度、界面张力等测定。

(2)采油(气)、注入队负责把当日所取的化验样品在当日送到化验室,化验室第二天报出化验分析日报。

(3)采出液含水率、含碱量、含表面活性剂量等化验及浓度、黏度等测定的原始记录,以及采气井采出气体的组分化验和采出液的水质分析化验的原始记录,注入液含碱量、含表面活性剂量等化验及浓度、黏度、界面张力等测定的原始记录,由化验室负责填写。化验室每天报出的化验分析日报通过网络传输或手工报表等交接方式交资料室一份。

(4)每天的化验分析资料由资料室负责当日录入油气水井生产数据管理系统(A2)。

(四)上传资料的审核

通过油气水井生产数据管理系统(A2)上传的资料要求逐级认真审核,当发现外报资料出现错误时,应及时报告,经上级业务主管确认批准后及时逐级更正,同时填写更正记录,并标明出现错误的原因及更正的数据或文字,更正记录保存期一年。

六、资料建立和保存

(一)原始资料

项目:采油井班报表(采油井日生产数据);注水(入)井班报表[注水(入)井日生产数据];电泵井电流卡片;采油井采出液含水率(含碱量、含表面活性剂量和水质分析)、注入井聚合物溶液浓度(黏度、界面张力)等资料;笼统注水井指示曲线。

保存要求:采油、注水(入)井班报表,电泵井电流卡片,采出液含水率(含碱量、含表面活性剂量和水质分析),注入井聚合物溶液浓度(黏度、界面张力)及笼统注水井指示曲线等原始资料保存期为一年;采油、注水(入)井日生产数据上传到油气水生产数据管理系统(A2),保存期为一年。

(二)综合资料

项目:采油井综合记录;注水(入)井综合记录;采油井月度综合数据;注水(入)井月度综合数据;采油井月、年度井史;注水(入)井月、年度井史。

保存要求:采油、注水(入)井综合记录、月度综合数据和月度井史存储在油气水生产数据管理系统(A2);采油、注水(入)单井年度井史打印、存档,并永久保存。

(三)管理资料

项目:资料录取计划表;单井注水(入)方案;四类井管理记录;计量仪表校验合格证。

保存要求:资料录取计划表、计量仪表校验合格证、单井注水(入)方案等原始资料随时更新,保存期为一年。四类井管理记录随时更新,并存储在计算机上。采油队开发管理指标和开发数据每月统计一次,并存储在计算机上,每年打印、存档,永久保存。开发曲线每月录入数据一次,所形成的年度曲线存储在计算机上,永久保存。开采简史、生产指挥图每年更新一次,并存储在计算机上。

(四)基础资料

1. 采油井基础数据

内容包括井号、井别、投产时间、开采层位、砂岩厚度、有效厚度、人工井底深度、原始压力、饱和压力、见水时间、采油树型号等。抽油机井还包括抽油机型号、转抽时间、电动机功率、泵径、泵深等;电泵井还包括电泵型号、泵深等;螺杆泵井还包括螺杆泵型号、泵深、螺杆泵转数等;提捞采油井还包括转提捞采油时间、工作参数、提捞周期等。

2. 注水(入)井基础数据

内容包括井号、井别、投产时间或转注时间、开采层位、砂岩厚度、有效厚度、人工井底深度、采油树型号、分注井封隔器型号、原始压力、饱和压力等。聚合物驱注入井还包括注入泵型号、排量等。

3. 保存要求

采油、注水(入)井单井基础数据随时更新,并存储在油气水生产数据管理系统(A2),永久保存。

(五)其他资料

测试资料:示功图、动液面测试资料,注水(入)井分层流量测试资料。

油田动态监测资料:采油井测压资料,注水(入)井测压资料,采油井产出剖面,注水(入)井注入剖面及其他资料。

作业施工资料:采油井施工总结,注水(入)井施工总结。

资料使用:采油、注入队使用的示功图、动液面和注水(入)井分层流量测试、动态监测、作业施工资料可上网查询。

第二节　现场监督管理

一、油水井资料全准现场检查

(一)监督内容

地质资料现场监督涉及采出井的产液量、油管压力、套管压力、采出液含水率、采出液聚合物浓度五项内容;涉及注入井的注水量、油管压力、套管压力、泵压、母液注入量、聚合物浓度、聚合物黏度七项内容。

(二)监督标准

监督标准执行企业标准 Q/SY DQ0916—2010《水驱油水井资料录取管理规定》、Q/SY DQ1385—2010《聚合物驱采出、注入井资料录取管理规定》、Q/SY DQ0920—2010《注水井资料录取现场检查管理规定》、Q/SY DQ1387—2010《聚合物驱注入井资料录取现场检查管理规定》。

(三)监督目标

现场资料录取要做到数据录取规范、真实可靠。

二、油水井措施现场监督

(一)监督内容

压裂监督内容:压裂过程跟踪、压裂支撑剂粒径及用量、单层压开后扩散压力时间、施工过程中的安全环保。

酸化监督内容:酸化液入井用量、酸化过程中泵压变化、施工过程中的安全环保。

(二)监督标准

注水井措施井现场监督标准见表6-1。

表6-1 注水井措施井现场监督标准

类别	现场监督项目	现场监督标准
压裂	支撑剂粒径	支撑剂粒径为0.425~0.825mm
	支撑剂用量	用量达到设计要求,误差小于2m³
	单层压开后扩散压力时间	压裂管柱上提前需扩散压力40min
	安全环保	施工过程严格遵守安全环保要求
酸化	酸化液入井用量	入井药剂与设计用量误差不大于5%
	泵入压力	严格按照酸化方案设计压力
	安全环保	施工过程严格遵守安全环保要求

(三)监督目标

现场监督比例100%,保证压裂、酸化措施严格按照方案要求进行施工。

三、洗井现场监督

(一)监督内容

洗井现场监督内容包括冲洗支线、关井降压、洗井排量、洗井液排放、洗井水量、洗井质量。

(二)监督标准

(1)须对洗井现场进行全过程监督;

(2)须对设备及井场恢复原貌;

(3)洗井应按指定地点排放,达到不渗不漏。

洗井质量监督标准见表6-2。

表6-2 洗井质量监督标准

监督内容	监督标准	是否满足标准
交接书	是否一式三份	
洗井排量	大排量水表洗井排量是否控制在30~50m³/h	

续表

监督内容	监督标准	是否满足标准
关井降压	洗井前是否关井降压30min以上(冬季可适当缩短关井时间)	
冲洗支线	洗井前冲洗支线用水量是否达到$5m^3$	
液位计	是否完好可用	
三通设备		
取样装置		
GPS装置		
出口水质	是否达到进出口水质一致	
洗井液排放	是否到指定地点排放	
	是否满罐排放及空罐返回	
	是否不渗不漏	

(三)监督目标

洗井液达到进出口水质一致时为洗井合格。

四、分层测试现场监督

(一)监督内容

分层测试现场监督内容包括井口仪表测试前校对、测试调配合理性、测试过程中的安全环保。

(二)监督标准

分层测试现场监督标准见表6-3。

表6-3 分层测试现场监督标准

分类	监督项目	监督标准
井口仪表校对	压力表	井口油管压力与流量计压力误差为±0.3MPa
	水表	井口水表水量与流量计水量误差为±8%
测试调配	水嘴可调合格率	水嘴可调合格率必须达到100%,测试数据取值合理,实现测试合格层数最多
安全环保	操作规范	严格按照测试现场操作规范操作
	安全环保	测试过程严格遵守安全环保要求

(三)监督目标

现场监督比例100%,保证测试资料真实可靠、测试数据准确无误。

五、深度调剖现场监督

(一)监督内容

深度调剖监督内容:调剖化学药剂用量、调剖化学药剂的浓度、调剖化学药剂注入过程中的压力变化、施工过程中的安全环保。

(二)监督标准

注水井深度调剖现场监督标准见表6-4。

表6-4 注水井深度调剖现场监督标准

类别	现场监督项目	现场监督标准
调剖化学药剂检测	聚合物、交联剂、稳定剂浓度抽检	严格按照调剖方案设计的浓度
	聚合物、交联剂、稳定剂配比	严格按照调剖方案设计的配比注入
	化学药剂的注入压力	严格按照调剖方案设计的注入压力
安全环保	化学药剂的保存方式、连接管线的安全程度及化学药剂注入过程的渗漏、泄漏等	施工过程严格遵守安全环保要求

(三)监督目标

现场监督比例100%,保证深度调剖严格按照方案要求进行施工。

六、补孔作业现场监督

(一)监督内容

补孔作业监督内容:补孔层位及深度、补射是否成功、施工过程中的安全环保。

(二)监督标准

注水井补孔现场监督标准见表6-5。

表6-5 注水井补孔现场监督标准

类别	现场监督项目	现场监督标准
补孔施工	补开层位	严格按照补孔方案设计
	补开深度	严格按照补孔方案设计
	补射是否成功	现场监督尾声弹
安全环保	补孔作业过程中的安全环保	施工过程严格遵守安全环保要求

(三)监督目标

现场监督比例100%,保证补孔严格按照方案要求进行施工。

七、重划及细分现场监督

(一)监督内容

重划及细分监督内容:重划及细分层位及深度、封隔器深度、施工过程中的安全环保。

(二)监督标准

注水井重划及细分现场监督标准见表6-6。

表6-6 注水井重划及细分现场监督标准

类别	现场监督项目	现场监督标准
重划及细分施工过程	重划及细分层位	严格按照重划及细分方案设计
	重划及细分深度	严格按照重划及细分方案设计
	封隔器深度	严格按照重划及细分方案设计
安全环保	重划及细分作业过程中的安全环保	施工过程严格遵守安全环保要求

(三)监督目标

现场监督比例100%,保证重划及细分严格按照方案要求进行施工。

第七章　油藏工程管理指标计算与统计方法

本章主要介绍开发规划、水驱开发、三采采油和地质管理等方面的指标计算与统计方法。地质技术员可结合岗位实际掌握和了解相关概念和公式，并运用于日常分析和管理工作中。

第一节　开发规划

一、自然递减率

自然递减率是在未采取任何调整或控制措施影响油田或油井的条件下所出现的产量递减，是衡量油田一年来产量变化幅度的指标，其计算方法是：

$$自然递减率=\frac{上年度水驱日产油量-当年水驱未采取措施的日产油量}{上年度水驱日产油量}\times 100\% \tag{7-1}$$

自然递减率计算实例见表7－1。

表7－1　自然递减率计算实例

自然递减率（%）	水驱产量构成情况（10^4t）				上年度水驱年产油（10^4t）
	未采取措施产油	措施增油	新井产油	水驱合计	
9.88	303.64	3.93	3.12	310.69	336.92

自然递减率反映油田各采油井如果不采用增产措施的产量变化规律。自然递减率是负数，说明产量没有递减，如果是正数，则产量开始递减。它是检查油田是否能够稳产及安排措施工作量的主要依据，递减大，则稳产要求安排的工作量就多。油田开发中常用的递减率对比见表7－2。

表7－2　油田开发中常用的递减率对比表

类别	定义	计算方法	备注
自然递减率	指截至某一时间没有新井投产、没有各种增产措施情况下的产量递减率	通过水驱特征曲线等油藏工程方法预测得到	可应用于年度规划、长远规划及年度配产工作

续表

类别	定义	计算方法	备注
年对年自然递减率	指上年新井产量、上年各种增产措施产量都作为老井产量情况下计算的产量递减率	通过水驱特征曲线等方法预测老井产量，通过潜力分析预测措施增油量，通过类比法或其他方法预测新井产量，然后叠加计算得到	受每年措施工作量大小、未采取措施井的采油速度大小、新井递减率大小及新井产量占总产量比例的影响，该指标的规律性变差，很难通过寻找该指标的变化规律来预测未来产量的变化
标定日产水平自然递减率	与年对年自然递减率的概念类似，只是产量用日产水平	与年对年自然递减率计算方法一样	表示日产水平递减的大小，主要应用在月度、年度报表中，容易与前面两个概念混淆

递减率通常定义为单位时间内单位产量的变化，定义时没有考虑到产量的构成情况，因此实际生产中存在多种递减率的计算方法。

二、综合递减率

综合递减率是采取各种调整与控制措施以后，油田仍然可能出现的产量递减，是衡量油田一年来包括措施增产后的产量变化幅度的指标，其计算方法为：

$$综合递减率 = \frac{上年度水驱日产油量 - 当年水驱老井日产油量}{上年度水驱日产油量} \times 100\% \tag{7-2}$$

综合递减率计算实例见表7－3。

表7－3　综合递减率计算实例

综合递减率（%）	水驱产量构成情况（10^4t）				上年度水驱年产油（10^4t）
	未采取措施产油	措施增油	新井产油	水驱合计	
8.71	303.64	3.93	3.12	310.69	336.92

综合递减率大小与油田所处含水阶段和注水等各项开发工作好坏有关，综合递减率低，有利于油田长期高产稳产。

三、综合含水率

综合含水率是油田产水量与产液量的比值，它是表示油田出水状况和所处开发阶段的一个重要指标。

$$综合含水率 = （井口产水／井口产液）\times 100\% \tag{7-3}$$

综合含水率计算实例见表7－4。

表7－4 综合含水率计算实例

水驱地质储量(10^4t)	水驱年均含水率(%)	核实年产油(10^4t)	井口(10^4t)		12月井口(10^4t)	
			年产水	年产液	月产水	月产液
47257.3	91.25	310.6977	3409.9755	3737.0467	294.6182	322.7544

四、含水率上升值

含水率上升值(速度)是指单位时间内(月、季或年度)综合含水率上升的绝对值,用月(季或年)末的综合含水率减去上月(季或年)末的综合含水率即可得到。

五、含水上升率

含水上升率是指每采出1%地质储量时,油田(或区块)综合含水率上升的绝对值。其计算方法为:

$$含水上升率=\frac{阶段末含水率-阶段初含水率}{\frac{阶段末累计采油量-阶段初累计采油量}{地质储量}} \quad (7-4)$$

含水率上升值、含水上升率计算实例见表7－5。

表7－5 含水率上升值、含水上升率计算实例

采油速度(%)(阶段产油/地质储量)	上年水驱年均含水率(%)	当年水驱年均含水率(%)	含水率上升值(%)	含水上升率
0.66	90.83	91.25	0.42	0.64

六、注采比

注采比是指油田注入剂的(水、气)地下体积与采出液(油、气、水)的地下体积之比。

七、月(年)注采比

月(年)注采比是指月(年)度注入剂的地下体积与采出液的地下体积之比。

$$年注采比=\frac{年注水量}{1.31\times井口年产油量+井口年产水量} \quad (7-5)$$

年注采比计算实例见表7-6。

表7-6　年注采比计算实例

年注水量（10^4m^3）	井口年产油量（10^4t）	井口年产水量（10^4t）	年注采比
6034.9461	472.2020	4655.3808	1.144

八、累计注采比

累计注采比是指累计注入剂的地下体积与累计采出液的地下体积之比。

九、存水量

存水量是指累计注水量减去累计采水量。

十、存水率

存水率指每注$1\times10^4m^3$的水，地下孔隙空间中能存多少水。它反映注入水利用程度，表示为：

$$存水率=\frac{累计注水量-累计采水量}{累计注水量}\times100\% \qquad (7-6)$$

十一、水驱指数

水驱指数指每采1×10^4t油地下存了多少水。它反映了注入水补充能量的程度，表示为：

$$水驱指数=\frac{累计注水量-累计采水量}{累计采油量(地下体积)} \qquad (7-7)$$

十二、驱替程度

驱替程度是指可以受到驱替的那部分储量占该套井网的总储量的百分比，表示为：

$$驱替程度=\frac{存水量}{地质储量(地下体积)}\times100\% \qquad (7-8)$$

第二节 水驱开发

一、水驱开井率

水驱开井率是指开井数(采油井产油量大于0t,注水井注水量大于$0m^3$)占总井数的百分比。

$$C=\frac{B}{A}\times 100\% \tag{7-9}$$

式中 C——水驱开井率,%;

A——总井数,口;

B——开井数,口。

二、生产时率

生产时率是指油(水)井总的生产时间占油(水)井总井数的理论最大生产时间的百分比。

$$C=\frac{\sum_{M} j}{MJ}\times 100\% \tag{7-10}$$

式中 C——生产时率,%;

M——总井数,口;

j——每口井实际生产时间,d或h;

J——每月日历天数或每天小时数,d或h。

三、水驱方案符合率

水驱方案符合率指水驱方案实施有效井数占方案实施总井数的百分比。

$$C=\frac{B}{A}\times 100\% \tag{7-11}$$

式中 C——方案符合率;

A——方案实施总井数,口;

B——方案有效井数,口。

四、采液强度

采液强度指单位有效厚度的日产液量,单位为t/(m·d)。

五、采油强度

采油强度指单位有效厚度的日产油量，单位为 t/(m·d)。

六、注水强度

注水强度指单位有效厚度的日注水量，单位为 $m^3/(m \cdot d)$。

七、总压差

总压差指原始地层压力与目前地层压力之差，单位为 MPa。

八、注水压差

注水压差指注水井注水时井底压力与地层压力之差，单位为 MPa。

九、地饱压差

地饱压差指目前地层压力与饱和压力之差，单位为 MPa。

十、水驱控制程度

水驱控制程度指采油井占注水井连通的厚度占油层总厚度的百分比。

$$E_w = \frac{h}{H} \times 100\% \tag{7-12}$$

式中 E_w——水驱控制程度，%；
h——与注水井连通的厚度，m；
H——油层总厚度，m。

十一、油层动用程度

油层动用程度指注水井吸水厚度或油层产液厚度占油层射开总厚度的百分比。

$$D = \frac{h}{H} \times 100\% \tag{7-13}$$

式中 D——油层动用程度，%；
h——注水井吸水厚度或油层产液厚度，m；
H——油层射开总厚度，m。

十二、套损率

套损率指某个限定区域内发生套损的井数占总井数的百分比。

$$C = \frac{A}{B} \times 100\% \tag{7-14}$$

式中 C——套损率,%;

A——发生套损井数,口;

B——总井数,口。

第三节 三 次 采 油

一、聚合物用量

聚合物用量是指区块单位油层孔隙体积中所注入的累计聚合物干粉量,可以用累计平均注入浓度与注入孔隙体积倍数计算。

$$\begin{aligned} \text{聚合物用量} &= \frac{\text{累计注入聚合物溶液量} \times \text{聚合物溶液平均注入浓度}}{\text{油层总孔隙体积}} \\ &= \frac{\text{累计注入聚合物溶液量}}{\text{油层总孔隙体积}} \times \text{聚合物溶液平均注入浓度} \end{aligned} \tag{7-15}$$

聚合物的用量通常用 mg/L · PV 表示。mg/L 是聚合物溶液的浓度,PV 是绝对注入量占油层孔隙体积的倍数。

二、吨聚合物增油量

吨聚合物增油量是指聚合物驱油结束时,平均每吨聚合物总量(干粉的有效含量)的增油量。它是描述聚合物驱油效果的一个重要指标,计算公式为:

$$q_o = Q_o / W_p \tag{7-16}$$

式中 q_o——吨聚合物增油量,t;

Q_o——聚合物驱油结束时的累计产油量,t;

W_p——累计注入聚合物质量(干粉有效含量),t。

三、注入孔隙体积倍数

注入孔隙体积倍数为区块累计注入的聚合物溶液量与油层孔隙体积之比。

$$注入孔隙体积倍数(注入程度) = \frac{注入聚合物溶液量}{油层孔隙体积} \qquad (7-17)$$

四、聚合物干粉量

$$聚合物干粉量(t) = 聚合物溶液注入量 \times 聚合物溶液浓度 \qquad (7-18)$$

五、三次采油开井率

三次采油开井率指开井数(月生产时间大于24h)占总井数的百分比。

$$C = \frac{B}{A} \times 100\% \qquad (7-19)$$

式中 C——三次采油开井率,%;

A——区块总井数,口;

B——开井数(单井月生产时间大于24h视为开井),口。

六、注采时率

当月开井的井的生产时间占当月开井的井(月生产时间大于24h)日历时间的百分比即为注采时率。

$$C = \frac{B}{A} \times 100\% \qquad (7-20)$$

式中 C——注采时率,%;

A——当月开井的井日历时间之和,d或h;

B——当月开井的井的生产时间之和,d或h。

七、三次采油方案符合率

聚合物浓度符合率计算方法:在母液浓度稳定的情况下,聚合物注入浓度、黏度正常波动范围为±10%。

$$C \in (0.9A \leqslant B \leqslant 1.1A) \qquad (7-21)$$

式中 C——聚合物浓度合格井,口;

A——注入井的配注浓度,mg/L;

B——注入井单井的浓度,mg/L。

注意:需要在母液浓度稳定的情况下统计。

碱、表面活性剂浓度符合率计算方法:在母液浓度稳定的情况下,碱和表面活性剂浓度正常波动范围为±10%。

$$D \in (0.9P \leqslant F \leqslant 1.1P) \tag{7-22}$$

式中 D——碱和表面活性剂合格井,口;

P——碱和表面活性剂浓度正常值,mg/L;

F——注入井单井的碱和表面活性剂浓度,mg/L。

界面张力合格率计算方法:当月开井的井的化验合格井数占当月开井的井的化验井数的百分比即为界面张力合格率。

$$C = \frac{B}{A} \times 100\% \tag{7-23}$$

式中 C——界面张力合格率,%;

A——当月开井的井的化验井数,口;

B——当月开井的井的化验合格井数,口。

注入量符合率计算方法:各注入量与方案对比误差应小于±10%。对因注入压力限制不能完成配注的井,各注入量按照方案配比进行下调,现场按照新调整后的注入量管理,对应注入量误差应小于±10%。

正常注入情况下:

$$C \in (0.9A \leqslant B \leqslant 1.1A) \tag{7-24}$$

式中 C——注入量合格井,口;

A——注入井的配注量,m^3/d;

B——单井注入量,m^3/d。

注入压力限制不能完成配注的井:

$$D \in (0.9P \leqslant F \leqslant 1.1P) \tag{7-25}$$

式中 D——注入量合格井,口;

P——调整后单井方案配注量,m^3/d;

F——单井注入量,m^3/d。

八、注入井黏损指标计算

全局黏损计算方法:全局黏损指井口黏度与室内理论黏浓曲线上的黏度对比,体现了从配制到注入全过程黏度损失。室内井口同浓度条件下黏度与井口黏度的差值与室内井口同浓度条件下黏度的百分比即为全局黏损。

室内井口同浓度条件下黏度=(上一节点浓度对应黏度-距井口浓度最近节点浓度对应黏度)÷浓度差值×(井口浓度-距井口浓度最近节点浓度)+距井口

浓度最近节点浓度对应黏度。

全局黏损：

$$C = \frac{A - B}{A} \times 100\% \tag{7-26}$$

式中 C——全局黏损，%；

A——室内井口同浓度条件下黏度，mPa·s；

B——井口黏度，mPa·s。

室内井口同浓度条件下黏度：

$$A = \frac{D - F}{N_2 - N_1} \times (G - N_2) + F \tag{7-27}$$

式中 A——室内井口同浓度条件下黏度，mPa·s；

D——上一节点浓度对应的黏度，mPa·s；

F——距井口浓度最近节点浓度的黏度，mPa·s；

N_1——上一节点浓度，mg/L；

N_2——距井口浓度最近节点的浓度，mg/L；

G——井口浓度，mg/L。

注意：节点浓度均指室内黏浓曲线上的浓度

节点黏损计算方法：节点黏损指配制或注入过程中某一节点的黏度损失，体现了某一节点对聚合物降解的大小。在不同节点取样，利用相同水质稀释相同倍数，化验黏度，计算不同节点的黏损，即本节点黏度与上节点黏度的差值与上节点黏度的百分比。

$$C = \frac{A - B}{A} \times 100\% \tag{7-28}$$

式中 C——节点黏损，%；

A——上节点黏度，mPa·s；

B——本节点黏度，mPa·s。

注意：节点黏损化验时，需用相同水质稀释相同倍数后，再进行化验。

第四节　地质管理

一、油水井资料全准率

油水井资料全准率反映油水井全准井数占应检查总井数的比例大小，其计算方法为：

$$油水井资料全准率 = \frac{油水井资料全准井率}{检查油水井井数} \times 100\% \quad (7-29)$$

式中,油水井全准井数为检查时间段内资料全准的油水井井数之和;检查油水井井数为检查时间段内所有参加检查的油水井井数之和。

二、注水井管理指标

注水井分注率反映分层注入井井数占注入井总井数的比例大小,其计算方法为:

$$注水井分注率 = \frac{分层注入井井数}{注入井总井数} \times 100\% \quad (7-30)$$

式中,分层注入井井数为注入方式为分层注入的所有注入井井数之和。

注水井利用率反映注水井开井数占应利用井数的比例大小。应利用井数是指除开发要求关井以外的井数。其计算方法为:

$$注水井利用率 = \frac{注水井开井数}{注水井总数 - 计划关井数} \times 100\% \quad (7-31)$$

式中,开井数为统计时段注水量大于 $1m^3$ 的注水井井数;总井数为统计时段最后一天的注水井总井数;计划关井数指开发批准和适应生产、气候等需要关的注水井井数,包括局批计划关井数、钻停井数、间注井数等。

注水井有效注水时率反映已利用井开井时间占应开井时间的比例。计划关井时间指开发批准和适应生产、气候等需要关注水井的时间,包括局批计划关井时间、钻停时间、间注时间等。其计算方法为:

$$注水井有效注水时率 = \frac{注水井累计注水时间}{注水井总日历天数 - 计划关井时间} \times 100\% \quad (7-32)$$

式中,注水井累计注水时间为统计时段注水井累计注水时间;注水井总日历时间为统计时段注水井数乘以日历天数;计划关井时间指开发批准和适应生产、气候等需要关注水井的累计时间。

分层注水井分水率反映分层注水井井数占应分层注水井井数的比例。应不分层注水井井数指开发批准和适应生产、气候等需要关停的注水井井数及钻停等恢复初期不需分层注水的井数。其计算方法为:

$$分水率 = \frac{分层注水井井数}{分层注水井总井数 - 应不分层注水井井数} \times 100\% \quad (7-33)$$

式中，分层注水井井数为统计时段每天能匹配层段分水量的注水井井数之和；分层注水井总井数为统计时段每天的分层注水井总井数之和；应不分层注水井指统计时段开发批准和适应生产、气候等需要每天关停的注水井井数及钻停等恢复注水初期不需分层注水的井数之和。

分层注水合格率反映注水井合格层段数占检查层段数的比例。其计算方法为：

$$分层注水合格率 = \frac{注水井合格层段数}{分层注水井总层段数 - 计划停注层段数} \times 100\% \tag{7-34}$$

分层注水合格时率反映检查时段内注水井合格层段数占检查层段数的比例；反映和评价分层注水井执行配注方案情况，与测试调试和日常注水管理有直接关系。其计算方法为：

$$分层注水合格时率 = \frac{注水井合格层段数}{分层注水井总层段数 - 计划停注层段数} \times 100\% \tag{7-35}$$

式中，注水合格层段数为统计时段内分层注水合格层段数，日注水量在配注水量的±30%内为合格层段；分层注水井总层段数为统计时段内分注井总层数之和，包括合格层段数、欠注层段数、超注层段数、未参加计算井的分层注水层段数（不包括停注层）、计划停注层段数；计划停注层段数指有地质方案要求停注的层数总和，包括方案停注层段数、钻井停注层段数、酸化投堵停注层段数。

三、分层测试管理指标

测试合格率反映测试合格层段数占测试层段数的比例，适用于单井或多井计算。其计算方法为：

$$测试合格率 = \frac{测试合格层段数}{测试总层段数 - 停注层段数} \times 100\% \tag{7-36}$$

式中，测试合格层段数为统计井测试合格层段数之和，层段测试水量在层段配注水量的±30%及以内的层段为合格层段；测试总层段数为统计井层段数的总和，不包含光过层段数；停注层段数为统计井停注层段数之和，光过层段不参与计算。

周期测试率反映周期内已测试井数占总分层井数的比例。其计算方法为：

$$周期测试率 = \frac{已测试井数}{分层井总井数 - 方案关井数} \times 100\% \tag{7-37}$$

式中,已测试井数为周期内已经测试完工井数之和。

验封密封率反映统计井密封井(层)数占总井(层)数的比例,包含井密封率和层段密封率。其计算方法为:

$$井密封率 = \frac{密封井数}{统计井数} \times 100\% \quad (7-38)$$

$$层段密封率 = \frac{密封层段数}{总层段数 - 停注层段数} \times 100\% \quad (7-39)$$

式中,密封井数为统计井内全井均密封的井数;密封层段数为统计井密封层段数之和;总层段数为统计井层段数的总和,不包含光过层段数;停注层段数为统计井停注层段数之和,光过层段不参与计算。

参考文献

[1] 邢顺洤,姜洪启.松辽盆地陆相砂岩储集层性质与成岩作用.哈尔滨:黑龙江科学技术出版社,1993.
[2] 隋军,吕晓光,赵翰卿,等.大庆油田河流—三角洲相储层研究.北京:石油工业出版社,2000.
[3] 赵翰卿.大庆油田精细储层沉积学研究.北京:石油工业出版社,2012.
[4] 刘春发,杨立中,隋军.砂岩油田开发成功实践.北京:石油工业出版社,1996.
[5] 王群,庞彦明,郭洪岩,等.矿场地球物理测井.北京:石油工业出版社,2002.
[6] 刘吉余.油气田开发地质基础.北京:石油工业出版社,2006.
[7] 陈涛平.石油工程.北京:石油工业出版社,2011.
[8] 张建国,雷光伦,张艳玉.油气层渗流力学.东营:中国石油大学出版社,2004.
[9] 王允诚,向阳,邓礼正,等.油层物理学.成都:四川科学技术出版社,2006.
[10] 隋军,李彦兴.大庆油田注水开发技术与管理.北京:石油工业出版社,2010.
[11] 刘东升,赵国,杨延滨,等.油气井套损防止新技术.北京:石油工业出版社,2008.
[12] 中国石油天然气集团公司测井重点实验室.测井新技术培训教材.北京:石油工业出版社 2004.
[13] (美)阿齐兹,(加)塞特瑞.油藏数值模拟.袁士义,王家禄,译.北京:石油工业出版社,2004.
[14] 叶庆全,袁敏.油气田开发常用名词解释.3版.北京:石油工业出版社,2009.
[15] 程杰,.吴军政,吴迪.三元复合驱油技术.北京:石油工业出版社,2013.
[16] 潘晓梅,陈国强.油气藏动态分析.北京:石油工业出版社,2012.